3
1969

Faserforschung und Textiltechnik

WISSENSCHAFTLICH-TECHNISCHE ZEITSCHRIFT
FÜR DIE CHEMIEFASER- UND TEXTILINDUSTRIE

BEGRUNDET VON
ERICH CORRENS UND WALTER FRENZEL

HERAUSGEGEBEN VON ERICH CORRENS
WOLFGANG BOBETH — HANS BÖHRINGER — HERMANN KLARE
BURKART PHILIPP — CHRISTIAN RUSCHER

SCHRIFTLEITER J. BRÄMER UND I. RUSCHER

AUS DEM INHALT

AKADEMIE-VERLAG BERLIN

Faserforsch. u. Textiltechnik • 20. Jahrg. • Heft 3 • Seiten 111—162 • Berlin im März 1969

DK 547.26:547.455:541.124:547.494.254.07:543.253

Philipp, Burkart, Dautzenberg, Horst, und *Schmiga, Willi*

Zur Kinetik der Xanthogenatbildung und -zersetzung bei einigen niedermolekularen Alkoholen und einfachen Zuckern
Teil I: Versuchsmethodik sowie Ergebnisse zur Xanthogenierung

Faserforsch. u. Textiltechnik **20** (1969) 3, S. 111—117. 1 Abb., 2 Tab., 24 Lit.

Für eine Reihe hydroxylgruppenhaltiger Verbindungen unterschiedlicher Konstitution einschließlich einiger einfacher Zucker wurde durch polarographische Verfolgung des CS_2-Verbrauches in alkalischer Lösung die Xanthogenierungsgeschwindigkeit gemessen. Unter Heranziehung von Literaturwerten für die Dissoziationskonstanten der untersuchten Verbindungen wurden neben den scheinbaren Geschwindigkeitskonstanten der Xanthogenierung auch die für die bimolekulare Umsetzung $RO' + CS_2 \rightarrow \rightarrow ROCSS'$ geltende wahre Xanthogenierungs-RGK der Reaktion ermittelt, wobei sich zeigte, daß die gemessene Xanthogenierungsgeschwindigkeit weitgehend von der Acidität der alkoholischen Gruppe bestimmt wird.

DK 677.463:677.062:677.46.021.524
537.533.35

Gröbe, Anneliese, und *Gensrich, Heinz Jürgen*

Elektronenmikroskopische Untersuchungen an Ultradünnschnitten von Celluloseregeneratfäden
Teil I: Präparationsmethoden

Faserforsch. u. Textiltechnik **20** (1969) 3, S. 118—124. 10 Abb., 1 Tab., 36 Lit.

Einbettungsmethoden zur Ultramikrotomie von Celluloseregeneratfäden werden beschrieben, Ultradünnschnitte der Supercorde RT 600 und RT 700 werden gezeigt und ihre Feinstruktur diskutiert. Weitere Informationen zur Feinstruktur von Celluloseregeneratfäden lieferten Untersuchungen an Fäden, die in Ammoniumsulfat- und Natriumsulfatlösungen koaguliert wurden. Lösungsmittelaustausch und Gefriertrocknung dieser Fäden lassen die durch Koagulation erzeugte Feinstruktur erkennen. Es konnte gezeigt werden, daß die Strukturelemente in Form eines Netzes in den Fäden angeordnet sind.

DK 677.494.745.32:677.494.051.5.001.572:532.72
66.062.11:66.062.855.5

Serkov, A. T., Kudrjavcev, G. J., Klimenkov, V. S., Serkova, L. A., und *Koževnikov, Ju. P.*

Untersuchung der Diffusionsvorgänge beim Erspinnen von Polyacrylnitrilfaserstoffen

Faserforsch. u. Textiltechnik **20** (1969) 3, S. 125—130. 6 Abb., 2 Tab., 7 Lit.

Auf einer Modellspinnapparatur wurden aus einer 20%igen Polyacrylnitrillösung unter Anwendung wäßriger Fällbäder Fäden ersponnen. Hierbei wurden in Abhängigkeit von den Spinnbedingungen der Farbumschlag eines Indikators (Kobaltchlorid), der der Polymerlösung zugesetzt worden war, und die Zusammensetzung des Fadens in verschiedenem Abstand von der Düse ermittelt. Aus den erhaltenen experimentellen Daten wurden mit Hilfe einer graphischen Lösung der Diffusionsgleichung für nichtstationäre Prozesse die Diffusionskoeffizienten für Wasser und Dimethylformamid berechnet.

DK 547.339.211:[678—9.02:66.095.26]:661.185.223.5:541.124

Gröbe, Volker, und *Reichert, Hans*

Zur Copolymerisation von Acrylnitril mit N-Allyl- und N-Methallyl-N-methylaminoäthansulfonaten

Faserforsch. u. Textiltechnik **20** (1969) 3, S. 131—137. 6 Abb., 7 Tab., 21 Lit.

Die Natriumsalze des Allyl- und Methallylmethyltaurins wurden mit Acrylnitril in Dimethylsulfoxid und Dimethylformamid copolymerisiert. Dabei wurden die Copolymerisationsgeschwindigkeiten und -parameter bestimmt und mit den Werten verglichen, die bei der Copolymerisation von Acrylnitril und Allyl- bzw. Methallylsulfonaten resultieren.

DK 674.032.13:661.728:[541.24:519.241.6]:542.92

Poller, Siegfried

Über die Veränderung der Polymerisationsgradverteilung von Fichtenholzcellulose bei zunehmendem Abbaugrad

Faserforsch. u. Textiltechnik **20** (1969) 3, S. 137—140. 5 Abb., 2 Tab., 21 Lit.

Die Polymerisationsgradverteilung von Fichtenholzcellulose verschiedenen Abbaugrades wird untersucht. Ausgehend von den dabei gefundenen Veränderungen der Molekülgrößenverteilung werden die Möglichkeiten der Übertragung der gewonnenen Erkenntnisse auf die Verhältnisse im nativen Zustand diskutiert.

DK 677.1/.5:620.017.428:539.319:513.612.2

Bauer, Albrecht, und *Winkler, Friedrich*

Dynamische Zugprüfung von Fäden
XI. Kritische Betrachtungen zum Begriff Tangentenmodul

Faserforsch. u. Textiltechnik **20** (1969) 3, S. 141—148. 11 Abb., 1 Tab., 21 Lit.

Der Definition des Tangentenmoduls folgen die allgemeinen und speziellen Formeln für seine Berechnung unter Beachtung der verschiedenen Spannungs-Dehnungs-Kombinationen (Nennspannung, Wirkspannung, Nenndehnung, Wirkdehnung). Ausgehend von praktischen Beispielen werden die Tangentenmoduli für die verschiedenen Spannungs-Dehnungs-Kombinationen bei der statischen und dynamischen Zugprüfung gegenübergestellt. Ein Vergleich von Tangentenmodul und Amplitudenmodul beweist die größere Aussagekraft des Tangentenmoduls.

DK 677.494.674:677.494.021.43:546.824—31:677.019.36

Kaufmann, Siegfried

Filterwirkung von Titandioxid während der Strahlungseinwirkung auf Polyesterseide

Faserforsch. u. Textiltechnik **20** (1969) 3, S. 149—151. 3 Abb., 9 Lit.

Ein treffertheoretisches Modell der Wirkung von Titandioxid in hochpolymeren Fäden bei Strahlungseinwirkung wird beschrieben. Durch Anwendung des Modells auf Ergebnisse von Bestrahlungsversuchen mit Polyesterseide wird die Filterwirkung des Titandioxids experimentell nachgewiesen.

Kurze Mitteilungen

DK 546.33'265.07:66.065.2:541.124:543.422.4

Dautzenberg, Horst, und *Philipp, Burkart*

Versuche zur Herstellung von Natriumdithiocarbonat

Faserforsch. u. Textiltechnik **20** (1969) 3, S. 151—152. 9 Lit.

DK 678.675'126:66.095.26:541.182.041:541.182.6.02:543.257.5

Reinisch, Gerhard, Jakob, Werner, und *Jaeger, Werner*

Quantitative Teilchenanalyse in Polycaprolactamlösungen

Faserforsch. u. Textiltechnik **20** (1969) 3, S. 152—154. 3 Abb., 1 Tab., 7 Lit.

Die Zeitschrift „Faserforschung und Textiltechnik" erscheint monatlich in Heften zu 48 Textseiten im Format A 4. Der Preis für das Einzelheft beträgt M 15,– (Sonderpreis für DDR M 9,–), für den Vierteljahrbezug M 45,– (Sonderpreis für DDR M 27,–), zuzügl. Bestellgeld. Die Berechnung erfolgt zu Beginn eines Vierteljahrs für 3 Hefte. Bestellungen aus dem Gebiet der Deutschen Demokratischen Republik an ein Postamt, eine Buchhandlung oder den Verlag, aus der Deutschen Bundesrepublik an eine Buchhandlung oder die Auslieferungsstelle Kunst und Wissen, Erich Bieber, 7 Stuttgart 1, Wilhelmstraße 4–6, aus dem Ausland an eine Importbuchhandlung, den Deutschen Buch-Export und -Import GmbH., 701 Leipzig, Postschließfach 276, oder den Akademie-Verlag GmbH., 108 Berlin, Leipziger Str. 3–4 (Fernruf: 220441; Telex-Nr. 0112020; Postscheckkonto 35021) erbeten. Bestellnummer dieses Heftes: 1014/20/3. Alleinige Anzeigenannahme DEWAG-WERBUNG, 102 Berlin, Rosenthaler Str. 28/31, und alle DEWAG-Betriebe in den Bezirksstädten der DDR. – Bestellungen in der UdSSR nehmen entgegen: Städtische Abteilungen von „SOJUZPECHATJ" bzw. Postämter und Postkontore.

Herausgeber und verantwortlich für den Inhalt: Prof. Dr. Erich Correns, Institut für Faserstoff-Forschung der Deutschen Akademie der Wissenschaften zu Berlin, 153 Teltow-Seehof, Fernruf: Teltow 4831; Prof. Dr.-Ing. habil. Wolfgang Bobeth, Institut für Technologie der Fasern der Deutschen Akademie der Wissenschaften zu Berlin, 801 Dresden, Hohe Str. 6, Fernruf: 44721; Prof. Dr.-Ing. Hans Böhringer, Institut für Textiltechnologie der Chemiefasern Rudolstadt, Fernruf: Rudolstadt 2031; Prof. Dr. Hermann Klare, Prof. Dr. habil. Burkart Philipp und Dr. Christian Ruscher, Institut für Faserstoff-Forschung der Deutschen Akademie der Wissenschaften zu Berlin, 153 Teltow-Seehof, Fernruf: Teltow 4831. Schriftleiter: Joachim Brämer und Dipl.-Chem. Ingeborg Ruscher, 153 Teltow-Seehof, Kantstr. 55. Verlag: Akademie-Verlag GmbH., 108 Berlin, Leipziger Str. 3–4. Satz und Druck: Druckhaus „Maxim Gorki", 74 Altenburg. – Veröffentlicht unter der Lizenznummer 1280 des Presseamtes beim Vorsitzenden des Ministerrates der Deutschen Demokratischen Republik.

Manuskriptsendungen sind an einen der Herausgeber oder die Schriftleitung zu richten. Für Inhalt und Form gelten die „Richtlinien für die Annahme und Abfassung von Beiträgen", erhältlich von der Schriftleitung. Die Verfasser größerer wissenschaftlicher Arbeiten erhalten außer dem Honorar ein Heft und 50 Sonderdrucke ihrer Arbeit unentgeltlich. Nachdrucke sowie Übersetzungen in fremde Sprachen des Inhalts dieser Zeitschrift und deren Verbreitung – auch auszugsweise mit Quellenangabe – bedürfen der schriftlichen Vereinbarung mit dem Verlag.

Faserforschung und Textiltechnik

WISSENSCHAFTLICH-TECHNISCHE ZEITSCHRIFT FÜR DIE CHEMIEFASER- UND TEXTILINDUSTRIE

Band 20 März 1969 Heft 3

Zur Kinetik der Xanthogenatbildung und -zersetzung bei einigen niedermolekularen Alkoholen und einfachen Zuckern

Teil I: Versuchsmethodik sowie Ergebnisse zur Xanthogenierung

Burkart Philipp, Horst Dautzenberg und Willi Schmiga

Deutsche Akademie der Wissenschaften zu Berlin, Institut für Faserstoff-Forschung in Teltow-Seehof und VEB Sächsisches Kunstseidenwerk „Siegfried Rädel" Pirna

DK 547.26:547.455:541.124:547.494.254.07:543.253

Für eine Reihe hydroxylgruppenhaltiger Verbindungen unterschiedlicher Konstitution einschließlich einiger einfacher Zucker wurde durch polarographische Verfolgung des CS_2-Verbrauches in alkalischer Lösung die Xanthogenierungsgeschwindigkeit gemessen. Unter Heranziehung von Literaturwerten für die Dissoziationskonstanten der untersuchten Verbindungen wurden neben den scheinbaren Geschwindigkeitskonstanten der Xanthogenierung auch die für die bimolekulare Umsetzung $RO' + CS_2 \rightarrow ROCSS'$ geltende wahre Xanthogenierungs-RGK der Reaktion ermittelt, wobei sich zeigte, daß die gemessene Xanthogenierungsgeschwindigkeit weitgehend von der Acidität der alkoholischen Gruppe bestimmt wird.

О кинетике образования и разложения ксантогенатов некоторых низкомолекулярных спиртов и простых сахаров

Часть I: Методика и результаты ксантогенирования

При помощи полярографического измерения расхода CS_2 в щелочном растворе определена скорость ксантогенирования ряда гидроксилсодержащих соединений различного строения, в том числе и некоторых простых сахаров. С учетом литературных данных о константах диссоциации изученных соединений кроме кажущихся констант скорости реакции ксантогенирования определена также истинная константа скорости этой реакции, действительная для бимолекулярной реакции $RO' + CS_2 \rightarrow ROCSS'$. При этом установлено, что измеренная скорость ксантогенирования в значительной степени определяется кислотностью спиртовой группы.

Kinetics of Xanthate Formation and Decomposition of Some Low Weight Alcohols and Monosaccharides. Part I. Experimental Method and Results of Xanthation

The rate of xanthation has been determined for a series of hydroxy compounds of different constitution, including some monosaccharides, by following polarographically the CS_2 consumption in aqueous NaOH. Using literature data of the dissociation constants for the compounds investigated the apparent rate constants of xanthation as well as the actual rate constant of xanthation in the bimolecular reaction $RO' + CS_2 \rightarrow ROCSS'$ were determined. The apparent rate of xanthation proved to be highly affected by the acidity of the alcohol groups.

1. *Einführung*

Von *Wroński* [1, 2] und von uns [3, 4] wurde bereits früher auf die Unterschiede zwischen den verschiedenen einfachen Zuckern hinsichtlich ihrer Reaktionsgeschwindigkeit bei Xanthogenatbildung und -zersetzung sowie auf den Einfluß des Abstandes zwischen den Hydroxylgruppen zweiwertiger Alkohole auf den Ablauf der Xanthogenatreaktion hingewiesen. Hierbei handelte es sich allerdings ausschließlich um kinetische Messungen zum Verlauf der Bruttoreaktion. Zur Ermittlung der Geschwindigkeitskonstanten (RGK) der einzelnen Teilschritte „Xanthogenierung" bzw. „Rexanthogenierung" und „Dexanthogenierung", deren Wechselspiel den Gesamtablauf der Reaktion bestimmt, wurden erst in den letzten Jahren von *Samuelson* [5, 6] und von uns [7, 8] geeignete Methoden beschrieben und vor allem auf Cellulosexanthogenat systematisch angewandt. Es lag nahe, die von uns entwickelte polarographische Methodik auf die Xanthogenierung verschiedener Mono- und Disaccharide als Modellsubstanzen für Polysaccharide zu übertragen und die Ergebnisse mit den an einigen niedermolekularen Alkoholen erhaltenen zu vergleichen, um so weitere Informationen zum Einfluß der Stellung bzw. der Nachbargruppen einer alkoholischen Hydroxylgruppe auf den Ablauf der Xanthogenatreaktion zu erhalten. Über derartige Untersuchungen an Glucose, Mannose, Xylose, Glucuronsäure, Methylglucosid und Cellobiose einerseits, einer Reihe niedermolekularer Alkohole mit einer bzw. mehreren Hydroxylgruppen andererseits soll im folgenden berichtet werden.

2. *Versuchsmethodik und Angaben zur experimentellen Versuchsdurchführung*

2.1. *Prinzip der Methode*

Für die Xanthogenierungsreaktion läßt sich unter Berücksichtigung der parallel ablaufenden Dithiocarbonatbildung folgendes Schema aufstellen:

$$\begin{array}{l} ROH + CS_2 + OH' \underset{k_{Dx}}{\overset{k_x}{\rightleftharpoons}} ROCSS' + H_2O\,. \\ \quad\;\; \downarrow k_{DTC} \\ CS_2OH' \end{array}$$

Weitere Nebenreaktionen, wie die Umsetzung von CS_2 mit Sulfid bzw. Dithiocarbonat und die irreversible Zersetzung des Xanthogenats durch Umsetzung mit OH'-Ionen [9] oder auch Oxydationsreaktionen, die beispielsweise zu Disulfid bzw. Perthiocarbonat führen, konnten für die vorgesehenen kinetischen Messungen außer Betracht bleiben.

Für die Änderung des CS_2-Gehaltes in der Reaktionslösung gilt dann die Geschwindigkeitsgleichung (s. a. [7])

$$-\frac{d[CS_2]}{dt} = k_x \cdot [ROH]\,[CS_2]\,[OH'] + k_{DTC}\,[CS_2]\,[OH'] - k_{Dx}' \cdot [ROCSS'] .$$

Durch polarographische Verfolgung des zeitlichen Verlaufs der CS_2-Konzentration können die RGK-Werte für die Teilschritte „Xanthogenierung" und „Dexanthogenierung" ermittelt werden. Mit $[ROCSS'] \approx 0$ im Anfangsstadium der Xanthogenatbildung ergibt sich für die Abnahme der CS_2-Konzentration:

$$-\frac{d[CS_2]}{dt} = (k_x\,[ROH] + k_{DTC})\,[CS_2]\,[OH'] .$$

Bei gegenüber der CS_2-Konzentration hinreichend hoher und daher während der Meßreihe praktisch konstanter ROH- und OH'-Konzentration gilt

$$-\frac{d[CS_2]}{dt} = k_{exp}\,[CS_2] ,$$

so daß eine Auswertung der Messungen als Reaktion erster Ordnung möglich ist. Nach getrennter Bestimmung von k_{DTC} in alkoholfreier Lösung kann man dann die für die jeweilige Ionenstärke des Systems geltende Xanthogenierungs-RGK

$$k_x = \frac{\frac{k_{exp}}{[OH']} - k_{DTC}}{[ROH]}$$

berechnen, sofern [OH'] und [ROH] bekannt und wegen $[CS_2] \ll [ROH] \cdot [OH']$ während der Versuchsdauer praktisch konstant sind.

Diese in der einschlägigen Literatur (z. B. [1 bis 3, 7, 8, 10, 11]) bisher zumeist benutzte „scheinbare Xanthogenierungs-RGK" k_x ist der sogenannten „wahren Xanthogenierungs-RGK" k_x' der bimolekularen Elementarreaktion $RO' + CS_2 \xrightarrow{k_x'} ROCS_2'$ [12, 13] und der Dissoziationskonstanten des Alkohols

$$K_{Diss} = \frac{[H^{\cdot}]\,[RO']}{[ROH]}$$

proportional. Während k_x' ausschließlich von der Nukleophilie des Alkoxyanions gegenüber CS_2 abhängt, wird k_x sowohl von dieser Größe, als auch von der Acidität des Alkohols bestimmt. Quantitativ ergibt sich folgender Zusammenhang:

$$k_x'\,[RO'] = k_x'\,\frac{K_{Diss}}{K_w}\,[ROH]\,[OH'] \qquad K_w = [H^{\cdot}]\,[OH']$$
$$= k_x[ROH]\,[OH']$$
$$= k_{x_a}[ROH]_a\,[OH'] .$$

Nur bei hinreichend kleinem Dissoziationsgrad $\alpha = [RO']/[ROH]_a$ des Alkohols, also einem ausreichend niedrigen Wert von K_{Diss} und/oder hinreichend kleiner [OH'] kann die im Reaktionsgemisch tatsächlich vorliegende Konzentration [ROH] gleich dem analytisch vorgegebenen Wert $[ROH]_a$ gesetzt werden, und die experimentell zugängliche Größe k_{x_a} ist praktisch gleich k_x. Nur unter dieser Voraussetzung läßt sich der zeitliche Verlauf der Xanthogenatbildung in wäßrig alkoholischer Alkalilauge durch die scheinbare Xanthogenierungs-RGK k_{x_a} eindeutig charakterisieren, ohne daß der Absolutwert von K_{Diss} bekannt ist; dabei ist allerdings beim Vergleich unterschiedlicher k_x-Werte keine Aussage darüber möglich, ob solche Unterschiede durch eine unterschiedliche Acidität des Alkohols oder durch eine unterschiedliche Nukleophilie des Alkoxyanions zustande kommen. Zur Klärung dieser Frage ist in jedem Falle die Kenntnis von K_{Diss} und die Bestimmung der wahren Xanthogenierungs-RGK k_x' erforderlich. Bei höherem Dissoziationsgrad α des Alkohols ist $k_{x_a} \neq k_x$ und hängt in komplizierter Weise von $[OH']_a$, $[ROH]_a$ und K_{Diss} ab. Ein Vergleich der Xanthogenierungsgeschwindigkeiten verschiedener Alkohole läßt sich in diesem Falle allenfalls durch Aufstellung einer relativen Rangfolge vornehmen, wenn K_{Diss} der verschiedenen Alkohole etwa gleich groß ist und k_{x_a} bei jeweils gleicher [OH'] und [ROH] bestimmt wird. Eine von den jeweiligen Versuchsbedingungen unabhängige kinetische Charakterisierung des Systems läßt sich im Falle höherer Werte von α nur mit Hilfe der wahren Xanthogenierungs-RGK k_x', also bei Kenntnis von K_{Diss}, vornehmen.

Die ebenfalls ionenstärkeabhängige Dexanthogenierungs-RGK erhält man unter geeigneten Anfangsbedingungen ($[ROCSS'] \gg [ROH] \cdot [OH']$) aus der Bildungsgeschwindigkeit des freien CS_2 nach

$$-\frac{d[ROCSS']}{dt} = +\frac{d[CS_2]}{dt} = k_{Dx}' \cdot [ROCSS'] ,$$

solange im Anfangsstadium der Xanthogenatzersetzung der durch Umsetzung mit RO' und mit OH' verursachte CS_2-Verbrauch vernachlässigbar ist. Die Auswertung der Messungen kann dabei als Reaktion nullter Ordnung erfolgen, wenn wegen einer niedrigen Zersetzungs-RGK die Xanthogenatkonzentration im Versuchszeitraum praktisch konstant bleibt.

Während die Reproduzierbarkeit der polarographischen Messungen mit ± 5% sehr befriedigend ist, wird der Fehler in den RGK-Werten größer, da einerseits zur Ermittlung der Dexanthogenierungs-RGK die Differenz aus zwei Meßwerten gebildet und andererseits zur Angabe der Dexanthogenierungs-RGK die CS_2-Stufe in der Versuchslösung geeicht werden muß, wobei die Eichung u. U. Schwierigkeiten bereiten kann [14]. Bei der hier angewandten Methodik ist deshalb für die Dexanthogenierungs-RGK k_{Dx} und in ungünstigen Fällen auch für die Xanthogenierungs-RGK k_{x_a} mit Fehlern bis zu ± 15% zu rechnen.

2.2. Experimentelle Einzelheiten der Versuchsdurchführung

Für alle Messungen verwendeten wir den schreibend registrierenden Polarographen LP 60 im Bereich von 0 bis −2 V bei einer Empfindlichkeit von 1/200 bzw. 1/1000 entsprechend 5 bzw. $1 \cdot 10^{-10}$ A/Skt in Verbindung mit der von uns früher bereits beschriebenen Meßzelle [15]. Als Bezugselektrode diente die gesättigte Kalomelelektrode. Die Tropfzeit betrug 3 s in 0,1 n KCl-Lösung bei offenem Stromkreis, die Ausflußgeschwindigkeit des Quecksilbers 2,3 mg/s.

Zur Verfolgung der Konzentrationsänderung des CS_2 wurde entweder in geeigneten Zeitabständen die erste kathodische CS_2-Stufe aufgenommen und bei −1,5 V ausgewertet oder bei −1,5 V potentiostatisch registriert, wenn höhere Reaktionsgeschwindigkeiten zu erwarten waren. Die Meßtemperatur betrug in allen Fällen 20 °C ± 0,1 grd. Die gewünschte Ionenstärke wurde mit $NaClO_4$ p. a. eingestellt.

Zur Messung der *Xanthogenierungsgeschwindigkeit* der Alkohole, Polyglykole und Monosaccharide setzten wir frisch hergestellte bzw. aus Stammlösungen bereitete Lösungen mit definierter NaOH- und Hydroxylgruppenkonzentration ein, die sorgfältig mittels Reinststickstoff entlüftet waren. Die verwendeten flüssigen Alkohole wurden durch Vakuumdestillation gereinigt, die Zucker entsprachen der Qualitätsforderung „reinst". Als Polyglykole wurden technische Produkte (Fa. Stockhausen, Krefeld, und Farbwerke

Hoechst AG) herangezogen. Die CS_2-Zugabe zu den Meßlösungen erfolgte als gesättigtes CS_2-Wasser (Zusätze von 0,05 bis 0,40 ml).

Zur Messung der *Dexanthogenierungsgeschwindigkeit* erwies sich entsprechend der gewählten Versuchsmethodik eine relativ hohe Xanthogenatkonzentration bei hinreichend geringer OH′-Konzentration als zweckmäßig. Da die präparative Herstellung von definierten Xanthogenaten bei Monosacchariden und einigen hier interessierenden Alkoholen bisher praktisch nicht gelungen ist, beschränkten wir uns in allen Fällen auf die Gewinnung von Xanthogenatstammlösungen, die wir durch heterogene Umsetzung der Alkohole, Polyglykole und Zucker mit CS_2 in NaOH-Lösungen geeigneter Konzentration erhielten. Die Zerstörung und Entfernung der bei der Xanthogenierung entstandenen Nebenprodukte (Sulfid und Thiocarbonate) erfolgte nach *Fock* [16] mittels Durchleiten von CO_2. Auch für die Xanthogenierung der Zucker verzichteten wir auf eine Anwendung der *Lieser*schen Barytmethode [17], mit der wir für Glucose nur Substitutionsgrade (SG) von 0,06 bis 0,07 erhalten hatten.

Im einzelnen wurde wie folgt gearbeitet:

Zur Herstellung von Xanthogenatstammlösungen der verschiedenen niedermolekularen Alkohole und Polyglykole wurden 100 ml einer 2,5 m Lösung in 5 m NaOH mit Reinststickstoff entlüftet und dann mit 20 ml CS_2 1 h bei 20 °C mittels Magnetrührer intensiv gemischt. Nach anschließendem Absetzen des überschüssigen CS_2 wurde die überstehende Lösung in eine Waschflasche gedrückt und nach Verdünnen auf eine NaOH-Konzentration von 1 mol/l bei 20° 45 min ein kräftiger CO_2-Strom durch die Lösung geleitet. Alle Arbeiten erfolgten unter weitgehendem Sauerstoffausschluß, um eine Oxydation der Reaktionsprodukte zu vermeiden. Nachdem die Lösung frei von H_2S war, konnte sie zur Messung eingesetzt werden. Der mittels Glaselektrode gemessene pH-Wert der Xanthogenatlösung lag stets bei 8,5. Die Xanthogenatkonzentration wurde gasanalytisch [18] ermittelt.

Die Xanthogenate der Monosaccharide und Cellobiose wurden analog der vorstehenden Vorschrift in wäßriger Lösung erhalten, indem 100 ml einer 0,08 bis 0,1 molaren Lösung des Zuckers in 1 n NaOH mit 3 ml CS_2 umgesetzt wurden. Nach Entfernung von Sulfid und Thiocarbonaten mittels CO_2 wurden dabei folgende Substitutionsgrade erreicht:

Cellobiose	0,48
Glucose	0,37
Mannose	0,29
Xylose	0,14
Glucuronsäure	0,06

Die Eichung der CS_2-Stufe zur Umrechnung der Stufenhöhen in Konzentrationen wurde entsprechend einer früheren Veröffentlichung [7] vorgenommen. Dabei war einerseits der Einfluß der Zusammensetzung des Grundelektrolyten auf die Stufenhöhe und im Falle der Polyglykole andererseits die Änderung der Stufenhöhe mit der rel. Molekülmasse des Produktes zu berücksichtigen. Alle Konzentrationen, besonders die der Polyglykole, wurden so gewählt, wie sie bei der Bestimmung der Dexanthogenierungs-RGK vorlagen. Für jedes Meßsystem war eine gesonderte Eichung erforderlich. Allen angegebenen RGK-Werten liegt mindestens eine Doppelbestimmung zugrunde.

3. *Ergebnisse zur Xanthogenierung verschiedener Alkohole und Zucker und ihre Auswertung*

Eine reaktionskinetische Auswertung der Ergebnisse zur Xanthogenatbildung im hier herangezogenen pH-Bereich 12 bis 14 erfordert eine Berücksichtigung der gleichzeitig ablaufenden Dithiocarbonatbildung. Deren RGK wurde neu ermittelt, wobei der im Bereich 0,02 n bis 0,1 n NaOH erhaltene Durchschnittswert von $3{,}29 \cdot 10^{-2}$ min^{-1} l mol^{-1} mit früheren Daten [7] gut übereinstimmte.

Tabelle 1. Scheinbare und wahre Geschwindigkeitskonstanten der Xanthogenatbildung verschiedener Alkohole bei 20 °C

Alkohol	$C_{Alkohol}$ [mol/l]	C_{NaOH} [mol/l]	Ionenstärke	k_{x_a} [min^{-1} l^2 mol^{-2}] diese Arbeit	k_{x_a} [min^{-1} l^2 mol^{-2}] Literaturwerte	$k_{Diss} \cdot 10^{16}$	α	k_x [min^{-1}l^2 · mol^{-2}]	k_x' [min^{-1}l · mol^{-1}]
Methanol	—	—	—	—	0,600 [19] 0,970 [10]	2,9 [20]	0,03	0,600	21
Äthanol	0,10	0,10	0,10	0,11	0,100 [19] 0,148 [10]	≈ 1 [20]	0,001	0,110	12
n-Propanol	—	—	—	—	0,079 [19] 0,115 [10]	(0,5)	<0,0005	0,079	16
i-Propanol	—	—	—	—	0,013 [19] 0,012 [10]	(0,08)	<0,0005	0,013	17
n-Butanol (1)	0,10; 1,0	0,10; 1,0	0,10; 1,0	0,097	0,108 [10]	(0,60)	<0,0005	0,097	16
n-Butanol (2)	1,0	1,0	1,0	0,012	—	⟨0,07⟩	<0,0005	0,012	17
t-Butanol	1,0	1,0	1,0	0,007	—	⟨0,07⟩	<0,0005	0,007	>10
Benzylalkohol	0,10	0,10	0,10	1,05	—	(3,8)	0,004	1,06	28
Allylalkohol	—	—	—	—	0,86 [11]	3 [20]	0,003	0,87	29
Trifluoräthanol	0,10	0,10	0,10	0,19	—	4300 [20]	≈ 0,8	1,3	0,03
Phenol	1,0	0,10	1,10	<0,001	—	$1{,}1 \cdot 10^6$ [21]	≈ 1	—	—
Äthylenglykol	0,10; 0,75	0,10	0,10	0,7; 0,5	0,71 [2]	17 [20]	0,016;, 0,011	0,7; 0,5	4
Di- und Triglykol	0,10	0,10	0,10	1,08	—	⟨24⟩	0,023	1,14	4,5
Polyglykole 500/600/1500	0,10	0,10	0,10	1,08	—	⟨24⟩	0,023	1,14	4,5
Äthylenglykol-monoäthyläther	0,10	0,10	0,10	0,54	—	15 [20]	0,015	0,56	3,6
1,3-Propandiol	—	—	—	—	0,60 [2]	(12)	0,012	0,62	5,0
1,3-Butandiol	0,10	0,10	0,10	0,57	—	—	—	≈ 0,6	—
1,4-Butandiol	0,10	0,10	0,10	0,19	—	—	—	≈ 0,2	—
Glycerin	0,05; 0,5	0,10	0,10	1,11; 1,19	1,20 [2]	40 [20]	0,038; 0,033	1,17; 1,46	3,0; 3,7
Triäthanolamin	0,10	0,10	0,10	2,31	—	⟨60⟩	0,054	2,60	4,3

Die für verschiedene Alkohole gefundenen RGK der Xanthogenatbildung sollen anhand von Tabelle 1 diskutiert werden. Neben den experimentell bestimmten k_{x_a}-Werten wurden hier die unter Berücksichtigung der Dissoziation des Alkohols erhaltenen k_x-Werte sowie die wahre Xanthogenierungs-RGK k_x' angegeben. Mit aufgenommen wurden auch die der Berechnung von k_x und k_x' zugrunde gelegten Werte der Dissoziationskonstanten und die unter unseren Meßbedingungen vorliegenden Dissoziationsgrade der Alkohole. Bei den Angaben für K_{Diss} handelt es sich zum Teil um neuere Werte aus der Originalliteratur, z. T. um Abschätzungen auf Basis der von *J. Hine* und *M. Hine* [22] in i-Propanol gemessenen relativen Aciditäten (Werte in runder Klammer), z. T. um Analogieschlüsse, ausgehend von ähnlich gebauten Alkoholen mit bekanntem K_{Diss} (Werte in spitzer Klammer).

Die an Alkoholen mit *einer* OH-Gruppe erhaltenen Ergebnisse bestätigen die Abnahme von k_{x_a} mit steigender C-Zahl bei den ersten Gliedern der Reihe der n-Alkohole sowie bei Änderung der Stellung der OH-Gruppe von der 1-Stellung zur 2-Stellung. Bei *t*-Butanol ist gegenüber 2-Butanol eine nochmalige Verringerung von k_x festzustellen. Unerwartet hoch erscheint die RGK der Xanthogenierung bei Benzylalkohol, während k_x bei dem relativ aciden Trifluoräthanol nur doppelt so hoch wie bei Methanol liegt. Ein Xanthogenat des Phenols ist bisher nicht bekannt und konnte selbst als verdünnte wäßrige Lösung mit der von uns für Untersuchungen zur Dexanthogenierung angewandten Methodik nicht erhalten werden, offensichtlich infolge eines Ausbleibens der Xanthogenatbildung und nicht etwa auf Grund rascher Zersetzung eines instabilen Xanthogenats, denn die zeitliche Abnahme der CS_2-Stufe in 0,1 n NaOH wurde nach Zusatz von 1 m Na-phenolat nicht signifikant verändert, in Bestätigung eines früheren Befundes von *Wroński* [11]. Abgesehen von dem recht aciden Trifluoräthanol und von Phenol ist der Dissoziationsgrad α des Alkohols unter Meßbedingungen in allen Fällen genügend klein, um die Näherung $k_{x_a} \approx k_x$ zuzulassen.

Bei unsubstituierten Alkoholen ist die Kettenlänge wie auch die Stellung der OH-Gruppe (primär — sekundär — tertiär) offenbar nur von geringem Einfluß auf die wahre Xanthogenierungs-RGK k_x' und damit auf die Nukleophilie des Alkoxyanions, so daß die Unterschiede in k_x hauptsächlich auf Aciditätsunterschiede der Alkohole zurückzuführen sein dürften. Eine deutliche Abstufung in k_x' beobachtet man erst bei der Einführung von Substituenten, indem stark elektronegative Gruppen die Nukleophilie des Alkoxyanions merklich herabsetzen, gleichzeitig aber die Acidität des Alkohols und damit die Konzentration an Alkoxyanionen erhöhen, so daß die scheinbare Xanthogenierungs-RGK k_x zwei gegenläufigen Einflüssen unterliegt. Im Bereich nicht zu hoher Dissoziationskonstanten überwiegt dabei der Aciditätseinfluß; bei einem Vergleich von Trifluoräthanol mit Methanol scheinen sich beide Einflüsse weitgehend zu kompensieren, während die Nukleophilie des Phenolanions offensichtlich zur Xanthogenatbildung nicht ausreicht und daher trotz praktisch vollständiger Dissoziation keine Umsetzung erfolgt.

Bei den hier untersuchten Diolen liegt zwar K_{Diss} um eine bis zwei Zehnerpotenzen höher als bei Methanol, jedoch erscheint für einen qualitativen Vergleich auch hier die Näherung $[ROH]_a \approx [ROH]$ bzw. $k_{x_a} \approx k_x$ immer noch zulässig.

Wie bereits früher von uns [3] und von *Wroński* [1, 2] betont, wird die Xanthogenierungs-RGK k_x von Diolen durch die gegenseitige Stellung der OH-Gruppen entscheidend bestimmt. Bei 1,4-Butandiol beträgt k_x recht genau das Doppelte im Vergleich zu Äthanol. Äthylenglykol zeigt gegenüber 1,4-Butandiol den bereits früher beobachteten Anstieg in k_x [3], wobei sich aus *Wronskis* Zahlenwerten für 20 °C eine RGK $k_x = 0{,}71\ \mathrm{min^{-1} l^2 mol^{-2}}$ ergibt, in guter Übereinstimmung mit den Angaben in Tabelle 1.

Die RGK für 1,3-Propandiol und 1,3-Butandiol liegt in etwa gleicher Höhe und, wie zu erwarten, zwischen den Werten für Äthylenglykol und 1,4-Butandiol. Bemerkenswert erscheint uns die gegenüber dem Monomeren recht hohe und von der Kettenlänge offensichtlich unabhängige Xanthogenierungs-RGK der oligomeren und polymeren Glykole. Bei Verwendung solcher Substanzen als Viskosemodifikatoren muß man hiernach mit einer weitgehenden Xanthogenierung der Hydroxylendgruppen von Polyglykolen im System Cellulosexanthat/NaOH/CS_2 rechnen. Ursache dieser hohen Xanthogenierungs-RGK ist offensichtlich die der Hydroxylgruppe weitgehend benachbarte Äthergruppierung entsprechend dem Schema $-O-CH_2-CH_2-OH$; denn Äthylenglykolmonoäthyläther ergab anstelle der zunächst für einen einwertigen Alkohol zu erwartenden niedrigen RGK einen fast fünfmal so hohen k_x-Wert, der — auf die einzelnen Hydroxylgruppen bezogen — sogar den von Äthylenglykol selbst beträchtlich übertraf. Die gleiche Beschleunigung beobachtete *Wroński* [17] noch ausgeprägter beim Na-glykolat. Die auf Grund der von uns [3] und anderen Autoren [1, 2] veröffentlichten Ergebnisse heute allgemein akzeptierte Vorstellung, daß „vicinale OH-Gruppen die Xanthogenierungsgeschwindigkeit erhöhen", wäre hiernach dahingehend zu erweitern, daß die Gruppierung $\begin{matrix}R\\R\end{matrix}\!\!>N-C-C-OH$ grundsätzlich zu einer rascheren Xanthogenierung führt und die vicinalen Diole hierbei nur einen Sonderfall darstellen. Eine ähnliche Beschleunigung darf man vielleicht durch die Gruppierung $-N-C-C-OH$ vermuten; denn beim Triäthanolamin liegt die auf die einzelne Hydroxylgruppe bezogene RGK k_x der Xanthogenatbildung noch etwas höher als die der Polyglykole und des Äthylenglykolmonoäthyläthers. Die Häufung vicinaler OH-Gruppen beim Übergang von Glykol zu Glycerin führt zu dem erwarteten Anstieg in k_x, sowohl absolut gesehen als auch auf die einzelne OH-Gruppe bezogen.

Die wahren Xanthogenierungs-RGK k_x' liegen für alle hier untersuchten Diole wie auch für Glycerin, Äthylenglykolmonoäthyläther und Triäthanolamin jedoch deutlich niedriger als bei unsubstituierten n-Alkanolen und unterscheiden sich untereinander nur recht wenig. Die trotz der verringerten Nuklophilie des Alkoxyanions gegenüber n-Alkanolen erhöhten Werte von k_x pro OH-Gruppe sind also auch hier auf ein Überwiegen des Aciditätseinflusses zurückzuführen.

Eine analoge Auswertung unserer an verschiedenen einfachen Zuckern erhaltenen Versuchsergebnisse erweist sich als recht problematisch insofern, als

1. die Näherung $[ROH] \approx [ROH]_a$ hier sicher nicht mehr zulässig ist, da α unter unseren Meßbedingungen bei Glucose Werte von ca. 0,9 erreicht und das experimentell bestimmte k_{x_a} das System nicht mehr kinetisch eindeutig charakterisiert:
2. mit einer unterschiedlichen Acidität der einzelnen OH-Gruppen und einer unterschiedlichen Nukleophilie der verschiedenen möglichen „Zuckeranionen" zu rechnen ist;
3. nur für Glucose einigermaßen zuverlässige Angaben über K_{Diss} uns zugänglich waren.

Um überhaupt zu einer für eine formale Angabe von k_{x_a} hinausgehenden Aussage zu gelangen, wurden für eine Abschätzung folgende Voraussetzungen gemacht:

1. Die für die Glucose angegebenen Dissoziationskonstanten der ersten beiden Dissoziationsstufen gelten auch für Xylose und Mannose.
2. Die erste Dissoziationskonstante entspricht der Dissoziation der Halbacetal-OH-Gruppe am C_1; die zweite Dissoziationskonstante stellt einen Mittelwert dar, der aus der Acidität der restlichen OH-Gruppen resultiert.
3. Die Dissoziationskonstante des β-Methylglucosids entspricht K_{Diss} der zweiten Dissoziationsstufe der Glucose.
4. Entsprechend dem Vorliegen von zwei Glucoseringen ist für Cellobiose K_{Diss} der zweiten Stufe doppelt so hoch wie der entsprechende Wert von Glucose, während für die erste Dissoziationsstufe der Wert von der Glucose übernommen werden kann.
5. Auf Grund der annähernd gleichen Dissoziationskonstanten des Trifluoräthanols und der Zucker in der ersten Dissoziationsstufe kann für ${}_1k_x'$ der OH-Gruppe an C_1 die bei Trifluoräthanol erhaltene wahre Xanthogenierungs-RGK zugrunde gelegt und so die Xanthogenierung am C_1 rechnerisch eliminiert werden.

Die unter diesen Voraussetzungen erhaltenen Werte sind in Tabelle 2 zusammengestellt. Die Mittelwerte $\bar{k}_x'$ für die wahre Xanthogenierungs-RGK der OH-Gruppen in den Stellungen 2 bis 6 zeigen mit Werten zwischen 0,5 und 0,8 $min^{-1} l\, mol^{-1}$ nur relativ geringe Unterschiede. Sie sind jedoch deutlich tiefer als bei der Mehrzahl der Alkohole und liegen wie auf Grund der Acidität zu erwarten, zwischen den Werten von Glycerin und Trifluoräthanol. In welchem Maße nun Aciditätsunterschiede der einzelnen OH-Gruppen oder Nukleophilieunterschiede der entsprechenden Anionen den Beitrag der OH-Gruppe zum Mittelwert bestimmen, kann aus dem vorliegenden Material nicht entschieden werden.

Trotz der niedrigen Werte für die wahre Xanthogenierungs-RGK ergeben sich für die mittlere, auf eine OH-Gruppe bezogene scheinbare Xanthogenierungs-RGK ${}_{2\ldots6}\bar{k}_x$ der Zucker höhere Werte als für die meisten der herangezogenen Modellverbindungen, was auf ein Überwiegen des Aciditätsfaktors zurückgeführt werden kann.

Aus einem Vergleich der für die einzelnen Zucker erhaltenen $\bar{k}_x$-Werte kann man unter Vorbehalt folgende Schlußfolgerungen ziehen:

Mit 3,1 $min^{-1} l^2 mol^{-2}$ ist der ${}_{2\ldots6}\bar{k}_x$-Wert für Glucose um 0,5 $min^{-1} l^2 mol^{-2}$ größer als der für Xylose gefundene Wert von 2,6 $min^{-1} l^2 mol^{-2}$. Die Differenz könnte dem Beitrag der isolierten OH-Gruppe am C_6-Atom zur Gesamt-RGK zugeschrieben werden, zumal die Konfiguration der sekundären OH-Gruppen in beiden Zuckern die gleiche ist. Pro sekundäre OH-Gruppe ergäbe sich dann ein mittlerer Wert von 0,9 $min^{-1} l^2 mol^{-2}$, also ein etwas höherer Wert. Da ${}_1k_x$ mit $\approx 1{,}2$ $min^{-1} l^2 mol^{-2}$ angenommen wurde, resultiert eine Abstufung der scheinbaren Xanthogenierungs-RGK in der Reihenfolge Halbacetal — OH-Gruppe — vicinale (sekundäre) OH-Gruppen — isolierte (primäre) OH-Gruppe. In welcher Weise diese Rangfolge durch die sich im Molekül ergebenden Aciditäts- und Nukleophilieverhältnisse bedingt ist, läßt sich auch bei dieser Betrachtung nicht entscheiden. Vermutlich dürfte aber wie bei den ein- und mehrwertigen Alkoholen hier ebenfalls der Aciditätsfaktor ausschlaggebend sein. Aus dem für die Mannose gefundenen ${}_{2\ldots6}\bar{k}_x$-Wert und dem oben für ${}_6k_x$ berechneten Wert ergäbe sich für die Xanthogenierung der sekundären OH-Gruppen der Mannose in den Stellungen 2 bis 4 eine scheinbare RGK von 2,0 $min^{-1} l^2 mol^{-2}$, die rund $^2/_3$ des an Xylose gemessenen RGK-Wertes beträgt. Für diese Erniedrigung ist möglicherweise die cis-Stellung der OH-Gruppen an C_2 und C_3 verantwortlich, die ihrerseits die axiale Stellung der OH-Gruppe an C_2 bedingt.

Unter der Voraussetzung, daß die OH-Gruppe am C_2 in der Mannose wegen ihrer räumlich ungünstigen Position nur in untergeordnetem Maße zur Xanthogenierungs-RGK beiträgt, erhält man für die Stellungen 3 und 4 einen Mittelwert von $\approx 1{,}0$ $min^{-1} l^2 mol^{-2}$/OH-

Tabelle 2. Mittelwerte der scheinbaren und wahren Geschwindigkeitskonstanten der Xanthogenatbildung an den C-Atomen 2 bis 6 für einige Zucker bei 20 °C

Zucker	c_{Zucker} [mol/l]	c_{NaOH} [mol/l]	k_{Diss}I	k_{Diss}II	α	β	[OH′] [mol/l]	k_{exp} [min^{-1}]	${}_{2\cdots6}\bar{k}_x' \cdot [RO']_{2\cdots6}$ [min^{-1}]	$[RO']_{2\cdots6}$ [mol/l]	${}_{2\cdots6}\bar{k}'_x$ [min^{-1} l mol^{-1}]	${}_{2\cdots6}\bar{k}_x$ [min^{-1} l^2 mol^{-2}]
Glucose	0,01	0,1	$6{,}0 \cdot 10^{-13}$	$5 \cdot 10^{-14}$	0,88	0,305	0,089	0,00482	0,00163	0,0027	0,61	3,05
	0,02	0,1	,,	,,	0,865	0,280	0,078	0,00634	0,00324	0,048	0,67	3,35
	0,10	0,1	,,	,,	0,65	0,12	0,027	0,00733	0,00442	0,0078	0,57	2,85
Xylose	0,02	0,1	,,	,,	0,865	0,280	0,078	0,00540	0,00230	0,0048	0,48	2,40
	0,03	0,1	,,	,,	0,845	0,255	0,068	0,00663	0,00359	0,0065	0,56	2,80
Mannose	0,033	0,1	,,	,,	0,838	0,245	0,066	0,00650	0,00350	0,0068	0,52	2,60
β-Methyl-glycosid	0,025	0,1	—	,,	—	0,315	0,092	0,00880	0,00550	0,0079	0,70	3,50
Cellobiose	0,025	0,1	$6{,}0 \cdot 10^{-13}$	$1 \cdot 10^{-13}$	0,875	0,395	0,070	0,00970	0,00669	0,0087	0,77	7,70

Gruppe, der durchaus mit dem an Xylose ermittelten Wert für die sekundären OH-Gruppen übereinstimmt. Die formalen, pro OH-Gruppe umgerechneten Mittelwerte $_{2\ldots6}\bar{k}_x$ für β-Methylglucosid und Cellobiose liegen etwas höher als der entsprechende Mittelwert bei Glucose. Vielleicht ist das darauf zurückzuführen, daß bei einer Blockierung des aciden Zentrums am C_1-Atom durch Vollacetalbildung eine weitgehendereDissoziation der OH-Gruppen an den C-Atomen 2 bis 6 möglich ist, ohne daß gleichzeitig die Nukleophilie geringer wird.

An Glucoselösungen durchgeführte orientierende Messungen zur Xanthogenatbildung bei unterschiedlicher Ionenstärke sprechen für einen merklichen Anstieg der RGK mit der Ionenstärke, wie er in ähnlicher Weise auch für die Umsetzung von CS_2 mit OH'-Ionen zu Dithiocarbonat [23], mit Sulfid zu Trithiocarbonat [23] und mit Aminen zu Dithiocarbaminat [24] beobachtet wird.

4. Zusammenfassende Diskussion und Schlußfolgerungen

Unter den hier angewandten Meßbedingungen läßt sich der Xanthogenierungsverlauf eines Alkohols durch die voraussetzungsfrei experimentell zugängliche Größe k_{x_a}, d. h. durch eine unter Zugrundelegung der eingesetzten analytischen Konzentration [OH'] und $[ROH]_a$ erhaltene scheinbare Xanthogenierungs-RGK eindeutig charakterisieren, sofern die Dissoziationskonstante $K_{Diss} = [RO'][H^{\cdot}]/[ROH]$ des Alkohols einen Wert von etwa 10^{-14} nicht überschreitet und daher wegen $[RO'] \ll [ROH]$; $\alpha \ll 1$ k_{x_a} mit ausreichender Näherung gleich k_x ist. Unterschiede in der scheinbaren, auf eine OH-Gruppe bezogenen Xanthogenierungs-RGK k_x können dabei auf eine unterschiedliche Acidität der Hydroxylgruppen [25] und auf eine unterschiedliche Nukleophilie des Alkoxyanions zurückzuführen sein, wobei die Ermittlung von k_x allein keine Trennung der beiden genannten Einflußgrößen erlaubt. Hierzu ist vielmehr die Kenntnis der wahren Xanthogenierungs-RGK k_x' bzw. der Dissoziationskonstanten K_{Diss} erforderlich, die bei stärker aciden hydroxylgruppenhaltigen Substanzen, wie Trifluoräthanol und den einfachen Zuckern, auch bereits zur Errechnung von k_x benötigt wird, da die Bedingung $[RO'] \ll [ROH]$; $\alpha \ll 1$ dann nicht mehr erfüllt ist.

Mit steigender Acidität der OH-Gruppe, also zunehmender K_{Diss}, nimmt k_x' und somit die Nukleophilie des Anions gegenüber CS_2 merklich ab (vgl. Bild 1), wobei die uns zugänglichen, relativ spärlichen und z. T. unsicheren Daten für K_{Diss} vorerst keine Aussage darüber erlauben, wie streng diese allgemeine Relation im Einzelfall erfüllt ist. Änderungen in der Acidität der Hydroxylgruppe bzw. in der Nukleophilie des entsprechenden Anions wirken sich also im allgemeinen gegenläufig auf die scheinbare Xanthogenierungs-RGK k_x aus, wobei für schwach bis mäßig acide Hydroxylverbindungen die Aciditätserhöhung zu überwiegen scheint und die RGK k_x mit steigendem K_{Diss} generell zunimmt, beispielsweise in der Reihe Äthanol — Glykol — Glycerin — Glucose — (OH-Gruppen an C_2, C_3, C_4, C_6)), um offenbar bei etwa $K_{Diss} \approx 10^{-13}$ ein Maximum zu durchlaufen, da dann im Bereich noch höherer Acidität (Trifluoräthanol, Phenol) k_x' bzw. die Nukleophilie des Anions sehr steil abfällt (s. Bild 1). Die bereits festgestellte hohe Xanthogenierungsgeschwindigkeit vicinaler Diole läßt sich nach den hier erhaltenen Ergebnissen als Sonderfall einer generellen, durch Aciditätserhöhung verursachten Zunahme der scheinbaren Xanthogenierungs-RGK k_x einer OH-Gruppe durch eine Gruppierung —O—C—C—OH ansehen.

Aussagen zur unterschiedlichen Reaktivität der einzelnen Hydroxylgruppen verschiedener Zucker sind aus unseren Ergebnissen nur unter Vorbehalt möglich und erfordern zusätzliche Annahmen, vor allem hinsichtlich der Xanthogenierbarkeit der Halbacetalgruppe am C_1. Insgesamt gesehen, scheinen die Unterschiede in k_x für die vicinalen OH-Gruppen am C_2, C_3 und C_4 einer-

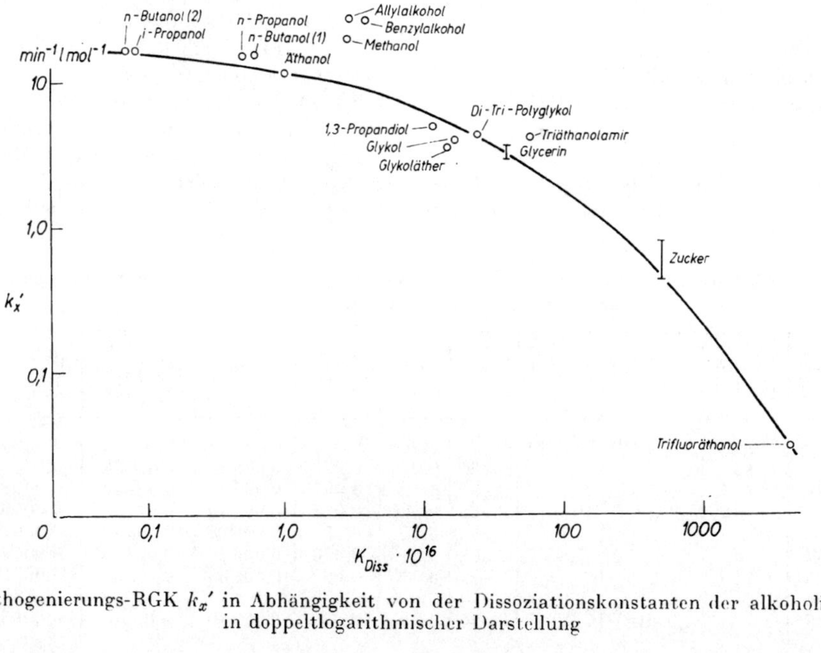

Bild 1. Wahre Xanthogenierungs-RGK k_x' in Abhängigkeit von der Dissoziationskonstanten der alkoholischen OH-Gruppe in doppeltlogarithmischer Darstellung

seits, die isolierte OH-Gruppe am C_6 andererseits bei Glucose, Xylose, Methylglucosid und Cellobiose verhältnismäßig gering zu sein, während die mittlere Xanthogenierungs-RGK $\bar{k}_x$ für die sekundären OH-Gruppen der Mannose deutlich niedriger liegt, wahrscheinlich auf Grund einer weitgehenden Reaktionshemmung bei der OH-Gruppe am C_2-Atom infolge deren axialer Stellung zum Glucosering.

Literatur

[1] *Wroński, M.:* The kinetics of the xanthate reaction of starch, cellulose and sodium alginate. Soc. Sci. Łodźiensis Acta chim. **4** (1959) S. 47—54.

[2] *Wroński, M.:* Zur Kinetik der Xanthogenatreaktion von Polyalkoholen. Zesz. nauk. Univ. Łódźkiej II **5** (1959) S. 191—202.

[3] *Philipp, B.:* Beiträge zur Kinetik der Xanthogenatreaktion der Cellulose. Habilitationsschrift TH Dresden 1956.

[4] *Philipp, B.*, und *Fichte, Ch.:* Kinetische Untersuchungen zur Zersetzung von Xanthogenaten. Faserforsch. u. Textiltechnik **11** (1960) 3, S. 118—124; 4, S. 172 bis 179.

[5] *Lyselius, A.*, und *Samuelson, O.:* Ripening of viscose. 3. Kinetics. Svensk Papperstidn. **64** (1961) S. 815—818.

[6] *Dunbrant, St.*, und *Samuelson, O.:* Ripening of viscose. 4. Distribution of xanthate groups and kinetics. Tappi, New York **46** (1963) S. 520—523.

[7] *Bär, H. J., Dautzenberg, H.*, und *Philipp, B.:* Zur Kinetik der Äthylxanthogenatzersetzung in wäßriger alkalischer Lösung. Z. physik. Chemie, Leipzig **237** (1968) S. 145—156.

[8] *Bär, H. J., Dautzenberg, H.*, und *Philipp, B.:* Kinetische Untersuchungen zur Umxanthogenierung von Cellulosexanthogenat. Faserforsch. u. Textiltechnik **17** (1966) 12, S. 551—558.

[9] *Dolby, I.*, und *Samuelson, O.:* Ripening of viscose. 7. Formation of low molecular weight compounds. Svensk Papperstidn. **69** (1966) 9, S. 305—310.

[10] *Wroński, M.:* Zur Kinetik der Xanthogenatreaktion von einfachen Alkoholen. Z. physik. Chemie, Leipzig **211** (1959) S. 113—117; Roczniki Chemii (Ann. Soc. chim. Polonorum) **33** (1959) S. 1061—1069.

[11] *Wroński, M.:* The kinetics of xanthate reaction of allyl and furfuryl alcohol, glycolic acid and methylene glycol. Soc. Sci. Łodźiensis Acta chim. **4** (1959) S. 55 bis 63.

[12] *Philipp, B.*, und *Dautzenberg, H.:* Polarographische und potentiometrische Untersuchungen an Schwefelkohlenstoff und einigen seiner Derivate. Mber. dt. Akad. Wiss. **6** (1964) 2, S. 148—158.

[13] *Philipp, B.*, und *Dautzenberg, H.:* Zur Bildungsgeschwindigkeit von Na-Äthylenmonothiocarbonat im Vergleich zu Na-Äthylxanthogenat. Z. physik. Chemie, Leipzig **231** (1966) S. 270—273.

[14] *Dautzenberg, H.:* Untersuchung zur Zersetzung von wäßrigen Xanthogenatlösungen unter besonderer Berücksichtigung des Auftretens von freiem Schwefelkohlenstoff in solchen Systemen. Diplomarbeit, TU Dresden 1966.

[15] *Philipp, B.*, und *Dautzenberg, H.:* Kinetische Untersuchungen zur Bildung und Zersetzung von Monothiocarbonat in wäßriger Lösung. Z. physik. Chemie, Leipzig **229** (1965) S. 210—224.

[16] *Fock, W.:* Bestimmung von Xanthogenatschwefel in der Viskose. Svensk Papperstidn. **60** (1957) S. 911—912.

[17] *Lieser, T.*, und *Nagel, W.:* Zur Kenntnis der Kohlehydrate. I. Liebigs Ann. Chemie **495** (1932) S. 235—245.

[18] *Philipp, B.:* Zur Analytik von Viskoselösungen. Chem. Technik **8** (1956) S. 77—80.

[19] *Philipp, B.:* The role of COS in viscose chemistry, and the quasiequilibrium of dexanthation and rexanthation. Panel discussion on the chemistry of xanthation and dexanthation reactions — A review. Sesond International Symposium on Viscose Technical Question, Stockholm 2.—4. Okt. 1967. Svensk Papperstidn. **71** (1968) 9, S. 381—388.

[20] *Ballinger, P.*, und *Long, F. A.:* Acid ionisation constants of alcohols. II. Acidities of some substituted methanols and related compounds. J. amer. chem. Soc. **82** (1960) S. 795—799.

[21] *Grau, G. G.:* Gleichgewichte in elektrochemischen Systemen. Konstanten der elektrolytischen Dissoziation. In: Landolt/Börnstein, Zahlenwerte und Funktionen aus Physik — Chemie — Astronomie — Geophysik und Technik. 6. Aufl., Bd. II. Teil 7, S. 839—927. Berlin/Göttingen/Heidelberg: Springer 1960.

[22] *Hine, J.*, und *Hine, M.:* The relative acidity of water, methanol and other weak acids in isopropyl alcohol solution. J. amer. chem. Soc. **74** (1952) S. 5266—5271.

[23] *Dautzenberg, H.*, und *Philipp, B.:* Zur Kinetik der Additionsreaktion zwischen CS_2 und verschiedenen Anionen unter besonderer Berücksichtigueg ihrer Abhängigkeit von der Hydroxylionenkonzentration. Faserforsch. u. Textiltechnik **20** (1969) im Druck.

[24] *Philipp, B.*, und *Dautzenberg, H.:* Kinetische Untersuchungen zur Umsetzung von Aminen mit Schwefelkohlenstoff und Carbonylsulfid. Faserforsch. u. Textiltechnik **19** (1968) 1, S. 23—30.

[25] *Hovenkamp, S. G.:* Reaktionen im System Schwefelkohlenstoff-Natronlauge. Dissertation Delft 1965.

Eingegangen am 25. Oktober 1968

Faserforschung und Textiltechnik 20 (1969) Heft 3

Elektronenmikroskopische Untersuchungen an Ultradünnschnitten von Celluloseregeneratfäden[1])

Teil I: Präparationsmethoden

Anneliese Gröbe und Heinz Jürgen Gensrich

Deutsche Akademie der Wissenschaften zu Berlin, Institut für Faserstoff-Forschung in Teltow-Seehof

DK 677.463:677.062:677.46.021.524
537.533.35

Einbettungsmethoden zur Ultramikrotomie von Celluloseregeneratfäden werden beschrieben, Ultradünnschnitte der Supercorde RT 600 und RT 700 werden gezeigt und ihre Feinstruktur diskutiert. Weitere Informationen zur Feinstruktur von Celluloseregeneratfäden lieferten Untersuchungen an Fäden, die in Ammoniumsulfat- und Natriumsulfatlösungen koaguliert wurden. Lösungsmittelaustausch und Gefriertrocknung dieser Fäden lassen die durch Koagulation erzeugte Feinstruktur erkennen. Es konnte gezeigt werden, daß die Strukturelemente in Form eines Netzes in den Fäden angeordnet sind.

Электронномикроскопическое исследование ультратонких срезов гидратцеллюлозных волокон

Часть I: Методы подготовки обьектов

Описаны иммерсионные методы для подготовки ультратонких срезов гидратцеллюлозных волокон. Показаны ультратонкие срезы суперкордных вололон типа RT 600 и RT 700 и обсуждена их тонкая структура. Дополнительные данные о тонкой структуре гидратцеллюлозных волокон были получены путем изучения волокон, скоагулированных в растворах сульфата аммония и калия. Тонкую структуру этих волокон, возникающую при коагуляции, можно наблюдать после замены растворителей и сушки вымораживанием. Показано, что элементы структуры в волокнах расположены в виде сети.

Electron Microscopic Investigations of Ultrathin Sections of Rayon Fibres

Part I. Preparation Techniques

Embedding techniques for preparing ultrathin sections of rayon fibres are presented. The fine structure revealed by electron micrographs obtained with ultrathin sections of tire cord RT 600 and RT 700 is discussed. Further electron micrographs were obtained with fibres spun into coagulation baths containing ammonium and sodium sulfate. The structural elements, making up a network structure, became visible after solvent exchange and freeze etching of the specimen.

In der vorhergegangenen Veröffentlichungsreihe [1] haben wir uns vornehmlich mit elektronenmikroskopischen Oberflächenuntersuchungen an Celluloseregeneratfäden beschäftigt. Parallel dazu bemühten wir uns, ein Bild vom inneren Aufbau der Fäden zu erhalten. Wir benutzten die Ultradünnschnittechnik, die u. a. bereits von *Kassenbeck* [2, 3, 4], *Cumberbirch* u. Mitarb. [5], *Kaeppner* [6, 7, 13], *Spit* [8], *Niconović* u. Mitarb. [36], sowie *Kling*, *Mahl* und *Heumann* [9] zur Untersuchung von Celluloseregeneratfäden angewandt wurde. Zunächst stellten wir Ultradünnschnitte der Supercorde RT 600 und RT 700 her. RT 600 wurde in vorpolymerisiertes Methacrylat und RT 700 in Epoxidharz eingebettet.

Einbettung in vorpolymerisiertes Methacrylat

Damit das Einbettungsmittel besser in die Fäden eindringt, wurden diese vor dem eigentlichen Einpolymerisieren in Methacrylat im Feinvakuumbereich evakuiert und ohne Unterbrechung des Vakuums mit der Mischung Butyl-Methyl-Methacrylat 1:1 ohne Initiator versetzt (s. Bild 1a). In diesem Gemisch blieben sie 24 h bei Zimmertemperatur und Normaldruck (Methacrylsäuremethylester und Methacrylsäurebutylester vom VEB Stickstoffwerk Piesteritz).

Die Einbettung erfolgte dann in einem mit 0,1% Benzoylperoxid 30 min bei 90 °C vorpolymerisierten Butyl-Methyl-Methacrylatgemisch desselben Mischungsverhältnisses in Gelatinekapseln (Größe 2, VEB Gelatinewerk Stadtilm). Im einzelnen gingen wir dabei so vor: In Gelatinekapseln hergestellte Polymethacrylatblöckchen wurden mit einem 1 bis 2 mm breiten Schlitz versehen und die Gelatine entfernt. Diese geschlitzten Polymethacrylatblöckchen brachten wir in frische Gelatinekapseln ein und gaben das Vorpolymerisat hinzu. In den mit hochviskosem Vorpolymerisat gefüllten Schlitz wurden dann kleine Fadenstücke mit einer Pinzette senkrecht hineingestellt und die Gelatinekapseln verschlossen (Bild 1b). Polymerisiert wurde 7 Tage bei 50 °C in einem Paraffin-Einbettungs-Schrank (K. Schulz & Co., Inh. F. Skorozewski, KG, Laborgeräte, Berlin).

Epoxidharzeinbettung

Für eine Epoxidharzeinbettung wurden die Proben vorher 24 h bei Zimmertemperatur und Normaldruck mit wasserfreiem Aceton penetriert. Als Einbettungsmittel kam DURCUPAN ACM der Fluka AG, Buchs SG, Schweiz, mit den

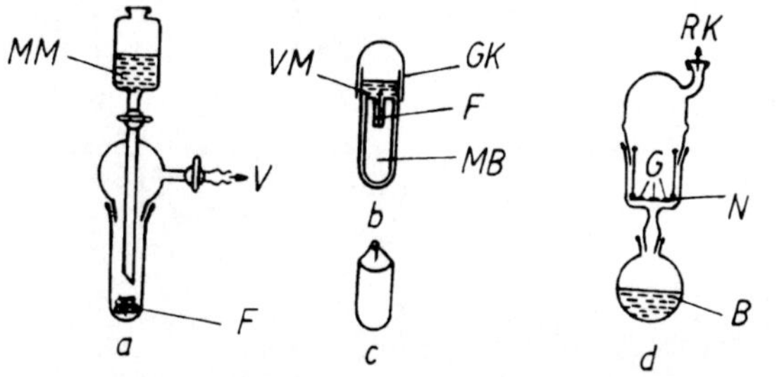

Bild 1. Schemazeichnungen zur Einbettung

MM = Methacrylatmonomere
V = Vakuumpumpe
F = Fadenprobe
VM = vorpolymerisiertes Methacrylat
Gk = Gelatinekapsel
MB = geschlitztes Methacrylatblöckchen
RK = Rücklaufkühler
N = Halterung aus grobmaschigem Netz
G = mit Ultradünnschnitten versehene Gitternetze
B = siedendes Benzol

[1]) Teil der Dissertation von *H. J. Gensrich*, Karl-Marx-Universität Leipzig (in Vorbereitung)

Komponenten Epoxidharz (10 ml), Härter 964 (10 ml), Beschleuniger 964 (0,4 ml) und Weichmacher (0,2 ml) zur Anwendung (Gemisch A). Damit das Einbettungsgemisch gut in die Proben eindringt, wurde das Aceton durch das Gemisch ohne Beschleuniger (Gemisch B) bei Zimmertemperatur ersetzt. Die Proben durchliefen folgende Stufen:

1. 3 Teile Aceton, 1 Teil Gemisch B, 12 h
2. 2 Teile Aceton, 2 Teile Gemisch B, 12 h
3. 1 Teil Aceton, 3 Teile Gemisch B, 12 h
4. Gemisch B, 2 h bei 50 °C,
5. Gemisch B, 2 h bei 50 °C,
6. Gemisch A, 2 h bei 50 °C.

Nach Stufe 6 betteten wir die Fasern mit dem Gemisch A in Gelatinekapseln wie beschrieben ein. Gehärtet wurde mindestens 72 h bei 50 °C.

Zur Vorbereitung für die Ultramikrotomie wurden die Gelatinekapseln gegebenenfalls mit warmem Wasser entfernt und die Blöckchen mit Rasierklingen unter dem Stereomikroskop „Citoplast" (VEB Carl Zeiss Jena) pyramidenförmig angespitzt (Bild 1c).

Ultramikrotomie

Die Ultradünnschnitte stellten wir mit Glasmessern (Tx-Glas, VEB Jenaer Glaswerke Schott & Gen., Jena) bzw. Diamantmessern (E. Leitz GmbH Wetzlar) am Ultramikrotom nach *Ardenne* und *Westmeyer* (VEB Freiberger Präzisionsmechanik, Freiberg/Sa.) bzw. am *Reichert*-Ultramikrotom Om U2 nach *Sitte* her (C. Reichert Optische Werke AG, Wien). Geschnitten wurde auf die Interferenzfarben Grau bis Gold (ca. 400 bis 1000 Å), und die Schnitte wurden dann von der Wasseroberfläche mit folierten Gitternetzblenden aus Kupfer (VEB Carl Zeiss Jena) abgenommen. Wir folierten die geätzten Gitternetzblenden entweder mit Kollodium (VEB Filmfabrik Wolfen) oder MOWITAL (Polyformaldehyd der Farbwerke Hoechst AG, Frankfurt/Main).

Kontrastierung

Das Polymethacrylat wurde mit kondensierendem Benzoldampf aus den Ultradünnschnitten herausgelöst. Die Proben befanden sich dabei auf einem grobmaschigen Metallnetz über siedendem Benzol (Bild 1d). Wir lösten mindestens 1 h. Bei dieser Behandlung blieb auf den folierten Gitternetzblenden allein das Cellulosematerial zurück, das zur Kontrasterhöhung im Hochvakuum mit Palladium unter einem Winkel von 45° bedampft wurde (Hochvakuumbedampfungsanlage HBA 120/2 vom VEBCarl Zeiss Jena).

In DURCUPAN eingebettete Proben kontrastierten wir mit einer Phosphorwolframsäurelösung (PWS; VEB Berlin-Chemie), indem wir die mit Ultradünnschnitten versehenen Gitternetze auf die Oberfläche der Phosphorwolframsäure-Lösung auflegten. Die Kontrastierungslösung hatte eine Konzentration von 2% und war mit KOH neutralisiert. Sie wirkte 2 h auf die Schnitte ein.

Elektronenmikroskopie

Mikroskopiert wurde bei einer Strahlspannung von 60 kV mit dem Standardelektronenmikroskop SEM 3 vom VEB Werk für Fernsehelektronik, Berlin-Oberschöneweide.

Für nähere Einzelheiten über Ultramikrotomie und Einbettung verweisen wir auf die Bücher von *L. Reimer* [10], *C. Peace* [11] und *D. Kay* [12].

Die Bilder 2 und 3 zeigen Querschnitte von RT 600 und RT 700 in der für Supercorde typischen Querschnittsform. Sie lassen Hohlräume in der Größenordnung von 100 bis 1300 Å erkennen.

Bild 2 zeigt diese Hohlräume vornehmlich im Innern des Querschnittes, der Rest des Fadens erscheint elektronenoptisch homogen. In Bild 3 verteilen sich die Hohlräume bis auf eine schmale Randzone von ca. 1 µm gleichmäßig über die ganze Fläche des Schnittes. Neben den Hohlräumen erkennt man keine weiteren Struktureinzelheiten. Die schwarzen Überlappungen

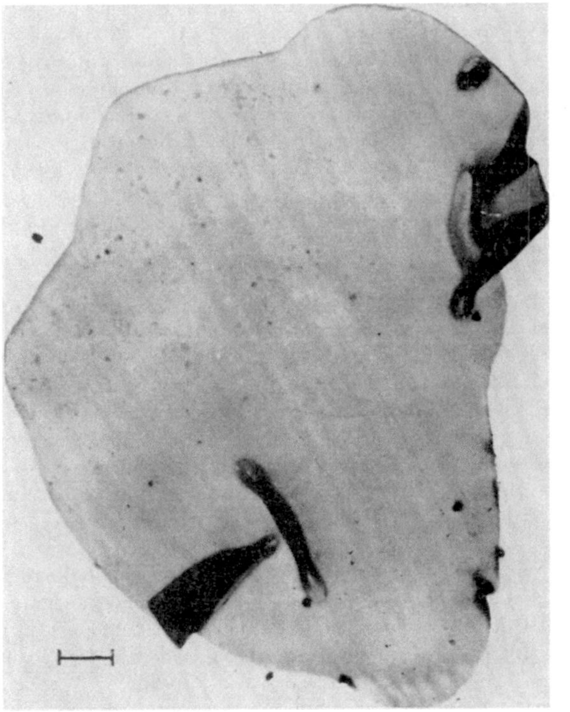

Bild 2. RT 600; Methacrylateinbettung, gelöst mit Benzoldampf, Pd-beschattet, Vergrößerung 7800:1

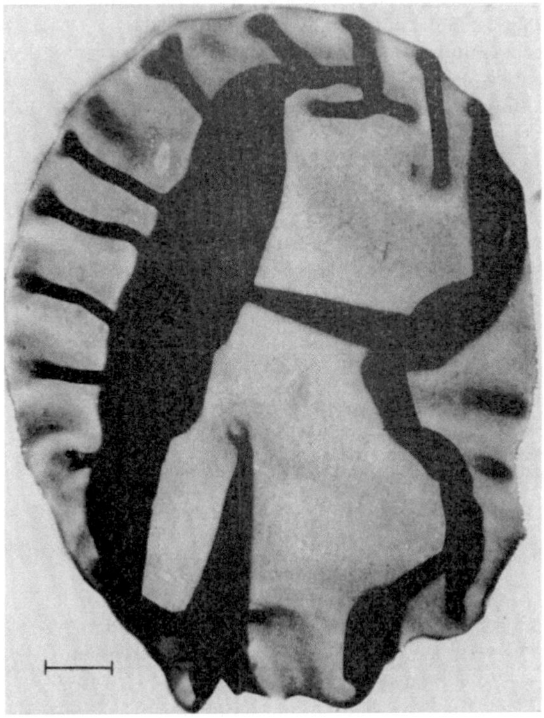

Bild 3. RT 700; in DURCUPAN ACM eingebettet, mit PWS konstrastiert, Vergrößerung 10000:1

auf den Abbildungen rühren vom Schneidevorgang her und gehören nicht zur Struktur der Fäden.

Supercorde sind bereits in elektronenmikroskopischen Querschnittsbildern gezeigt worden [6, 7, 13, 36], und wir können Übereinstimmung in Querschnittsform und -abmessung feststellen. Bei diesen Untersuchungen beobachteten die Autoren eine Vielzahl von Hohlräumen. Je nach Supercordtype wechselten Zahl, Größe und Verteilung [13]. Ihre Durchmesser betragen 50 bis 2600 Å, und wir befinden uns mit unserer Größenangabe ebenfalls in diesem Bereich.

Die Ursache für die Entstehung der beobachteten Hohlräume sehen *Kaeppner* [6], *Jayme* und *Balser* [24] sowie *P. H. Hermans* [14] in der Gasentwicklung bei der Cellulosexanthogenatzersetzung. Von anderen Autoren wird der freigesetzte, gasförmige Schwefelkohlenstoff, aber auch der Luftgehalt der Viskose verantwortlich gemacht [13]. *Coalson, Day* und *Marchessault* [15] dagegen vertreten die Auffassung, daß größere Hohlräume auf eine Phasentrennung bei schneller Regeneration zurückzuführen sind: es bilden sich CS_2-Tropfen, die durch ihren Platzanspruch eine Strukturverdichtung des umgebenden Cellulosegels bewirken. Zu einer ähnlichen Auffassung kommt auch *Kaeppner* [6], jedoch schreibt er die strukturverdichtende Wirkung den durch die Zersetzung entstehenden Gasblasen zu. Nach [13] sollen diese Hohlräume einen großen Einfluß auf die Eigenschaften der Supercorde ausüben; den besten Supercorden wird eine gleichmäßige Verteilung möglichst vieler und möglichst kleiner Hohlräume zugesprochen. Von einigen Autoren wird auch der Einfluß der Hohlräume auf die Ermüdungseigenschaften des Supercords diskutiert [16].

Den zitierten Meinungen über die Ursachen der Hohlraumbildung ist gemeinsam, daß die Hohlräume durch Reaktionsprodukte bei der Zersetzung des Cellulosexanthogenates entstehen. Eine spontane Zersetzung kann die Ausbildung von Hohlräumen begünstigen. Führt man also eine sehr langsame Cellulosexanthogenatzersetzung durch, sollten demnach keine oder nur wenige Hohlräume in den Fäden auftreten. Für die Untersuchung dieser Fragestellung schienen uns in Salzlösungen koagulierte Gelfäden geeignet, die in Anlehnung an die Methode von *P. H. Hermans* [17] hergestellt wurden. Die Zersetzung des Cellulosexanthogenates der Gelfäden erfolgt dann in den Salzlösungen, so daß die entstehenden Zersetzungsprodukte vorwiegend in gelöster Form abdiffundieren. Nach dieser Methode haben wir Versuchsfäden an einer Laborspinnmaschine [18, 19] ersponnen.

Folgende Parameter wurden bei unseren Spinnversuchen eingehalten (Zahlenangaben sind Mittelwerte).

Zellstoff: Modocord Extra,
Vorreife der Alkalicellulose: 48 h bei 20 °C ± 1 grd,
Sulfidierung: 47% CS_2, bezogen auf α-Cellulose,
Viskose: 8,3% Cellulose, 6,0% Alkali,
Viskosität: 95 s Kugelfall,
Reife: 20° Hottenroth,
γ-Wert der Viskose: 43,
Spinnmaschine: Laborspinnmaschine [18, 19],
Düse: 18 Loch/80 μm,
Badstrecke: 500 mm,
Probennahme: Hilfsgalette,
Spinnbadwanne: waagerecht 1 m,
Spinnbadvolumen: 12 l über Vorratsgefäß umgepumpt.

Als Koagulationsbäder verwendeten wir zwei normale Ammoniumsulfat- und Natriumsulfat-Lösungen von 20 °C. Der Verzug (V_2/V_1) war 2 bei einer Ausspritzgeschwindigkeit V_1 von 5 m/min.

Tabelle 1. γ-, Gel- und primäre Quellwerte der Versuchsfasern (a — Gewicht der frischentnommenen Gelfäden nach 10 min Zentrifugieren bei 800 g; b — dasselbe nach Zersetzung in 1 n H_2SO_4 und Entschwefeln; c — Cellulosegewicht nach Konstanttrocknen bei 105 °C)

Koagulationsbad	γ-Wert bei 500 mm Badstrecke	Gelwert a/c	Primärer Quellwert $\frac{b-c}{c} \cdot 100$ [%]
2 n$(NH_4)_2SO_4$	41	6,8	240
2 nNa_2SO_4	42	7,5	220

Charakterisiert wurden die Fäden durch ihren Gamma-, Gel- und primären Quellwert (Tabelle 1). Nach Entnahme aus den Koagulationsbädern zersetzten wir die Cellulosexanthogenatgelfäden bei Zimmertemperatur (ca. 20 °C) in den Salzlösungen. Die Cellulosexanthogenatzersetzung wurde anhand des γ-Wertes verfolgt und dauerte ca. 3 Tage. Die entstandenen Cellulosehydratfäden trockneten wir nach gründlichem Waschen in destilliertem Wasser spannungsfrei bei Zimmertemperatur und betteten sie für die Ultramikrotomie wie beschrieben in vorpolymerisiertem Methacrylat ein.

Das Bild 4 zeigt den in 2 n $(NH_4)_2SO_4$-Lösung koagulierten und regenerierten Faden im Ultradünnschnitt. Hohlräume wie in den Bildern 2 und 3 sind nicht zu erkennen. Im Innern des Querschnittes sieht man einige geringe, gleichmäßig über den Schnitt verteilte Körnung. Die unregelmäßig zerklüftete Randlinie läßt eine differenzierte Oberfläche vermuten. Ähnlich kann man Bild 5 kommentieren. In diesem Querschnitt sind jedoch wenige, unregelmäßig verteilte große Hohlräume (700 bis 2200 Å Durchmesser) vorhanden, die durch einzelne cellulosische Stege von ca. 200 bis 400 Å Breite überbrückt werden. Solche feinen cellulosischen Strukturen konnten in den Ultradünnschnitten der Supercorde nicht beobachtet werden und können als Hinweis auf eine andere Feinstruktur dienen. Besonders an wesentlich dünneren Teilschnitten, die wir gelegentlich beim Schneiden erhielten, läßt sich eine netzförmige Anordnung der Cellulosesubstanz zeigen (Bild 6 und 7).

Ein tieferer Einblick in diese Netzstruktur ist zu gewinnen, wenn man die Fäden in Wasser aufquillt und den Quellungszustand durch Lösungsmittelaustausch zu erhalten sucht. Ein solches Verfahren wurde bereits von *Kassenbeck* [3, 4] benutzt. Er erreichte damit eine weitgehende Auflockerung vor allem der Randbereiche der untersuchten Viskoseseiden. Dadurch kann das Einbettungsmittel gut in die Fäden eindringen, und die Haftung der Fäden im Einbettungsmittel — eine Voraussetzung für einen guten Schneidevorgang — ist gegenüber trockenen Fäden wesentlich verbessert.

Wir quollen die trockenen in 2 n Na_2SO_4 ersponnenen Fäden 24 h in destilliertem Wasser auf und tauschten das Quellungswasser stufenweise gegen Alkohol aus [20]. Nach der Verdrängung des Alkohols durch die Methacrylatmonomeren betteten wir die Fäden in vorpolymerisiertes Methacrylat ein.

Bild 8 zeigt den Querschnitt eines in dieser Weise behandelten Fadens. Besonders in der Randzone ist

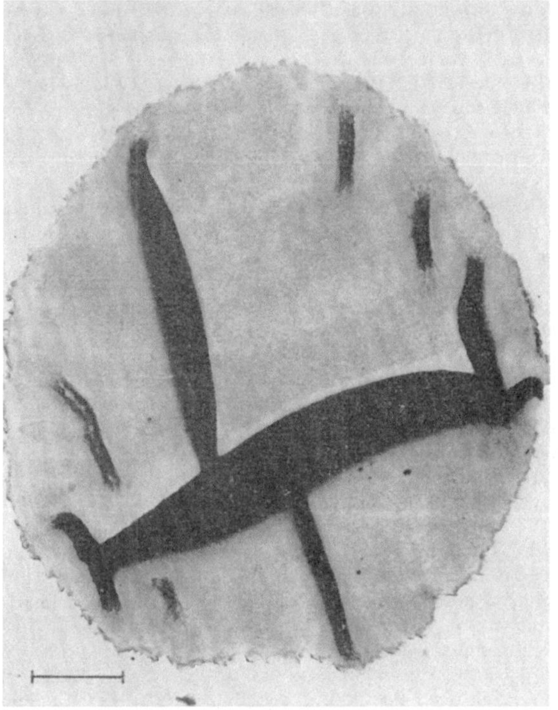

Bild 4*). 2 n$(NH_4)_2SO_4$; 20 °C, lufttrocken, Methacrylateinbettung, gelöst mit Benzoldampf, unbeschattet, Vergrößerung 13600:1

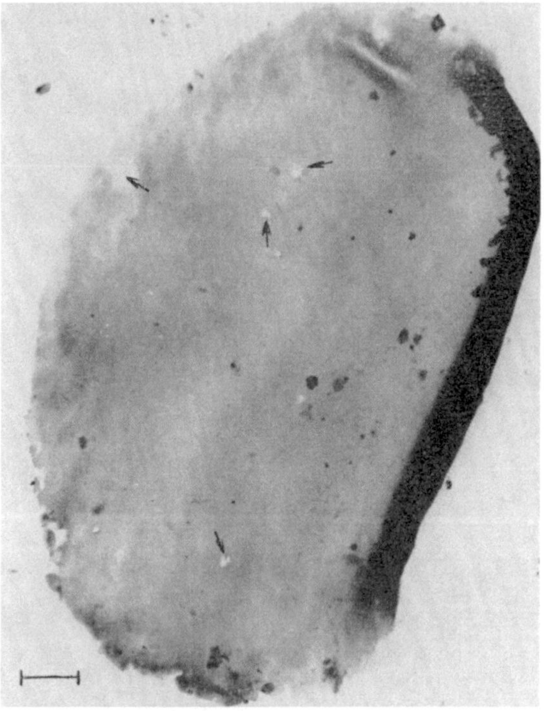

Bild 5. 2 n$(Na)_2SO_4$; 20 °C, lufttrocken, Methacrylateinbettung, gelöst mit Benzoldampf, unbeschattet, Vergrößerung 8500:1

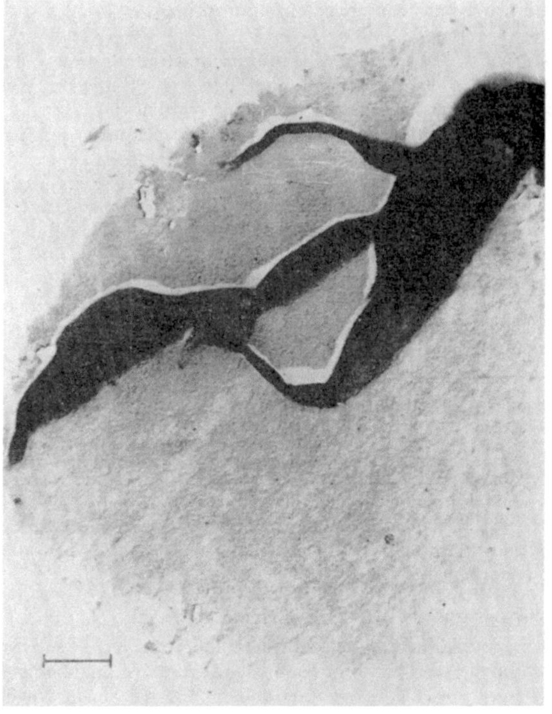

Bild 6. 2 nNa_2SO_4; 20 °C, lufttrocken, Methacrylateinbettung, gelöst mit Benzoldampf, Pd-beschattet, Vergrößerung 10000:1

Bild 7. Ausschnittsvergrößerung aus Bild 6. Vergrößerung 20000:1

*) Bild 4 sowie Bild 9 sind schon einmal in Chemiefasern **17** (1967) 12, S. 995–998 (Abb. 1 und 2) gezeigt worden. Sie wurden von *Wagner* und *Nettelnstroth* zur Interpretation von Hg-porosimetrischen Messungen an den bei uns hergestellten und in der vorliegenden Veröffentlichung untersuchten Fäden benutzt.

Bild 8. 2n Na_2SO_4; 20 °C, getrocknet und in H_2O wieder aufgequollen, Alkoholreihe, Methacrylateinbettung, gelöst in Benzoldampf, Pd-beschattet, Vergrößerung 6500:1

deutlich eine Auflockerung der Struktur mit größeren Hohlräumen zu erkennen, die jedoch bei weitem nicht die Ausmaße erreichte, wie sie *Kassenbeck* [3, 4] an Viskoseseide beobachtete. Zwischen den Hohlräumen sichtbare Cellulosestege und die Gesamtauflockerung des Schnittes lassen auch hier wieder eine Cellulosestruktur in Form eines Netzes vermuten.

Es ist bekannt, daß eine direkte Trocknung von Cellulose zu irreversiblen Verhornungen führt, und daß bei einem Wiederaufquellen mit Wasser nicht mehr der Ausgangsquellwert zu erreichen ist [21, 22]. Diese Erscheinung wird von *Jayme* u. Mitarb. [21] auf die große Oberflächenspannung des Wassers zurückgeführt, die beim Austrocknen eine Annäherung der fibrillaren Strukturelemente der Cellulose bewirkt und so die Möglichkeit für die Ausbildung von Wasserstoffbrückenbindungen zwischen den Strukturelementen der Cellulose schafft. Dieser Vorgang drückt sich auch in einem Ansteigen der Kristallinität beim direkten Trocknen z. B. von frisch aus den Kapseln entnommener Baumwolle aus [23].

Eine direkte Trocknung wird demzufolge immer Strukturveränderungen bringen, die es nicht erlauben, z. B. die bei der Koagulation gebildete Struktur ohne größere Veränderungen zu studieren. Jeder Cellulosehydratfaden hat aber vor der Trocknung einen hohen Quellungsgrad (s. a. Tabelle 1). Wenn es gelingt, diesen Quellungszustand unter Überwindung der Oberflächenspannung des Wassers zu fixieren, kann man das Trocknen und Wiederaufquellen umgehen. Dazu gibt es mehrere Methoden (siehe z. B. [23]). Wir wandten den Lösungsmittelaustausch und die Gefriertrocknung an.

Unter Lösungsmittelaustausch ist ein stufenweiser Austausch des in der Probe enthaltenen Wassers durch zumeist Methanol, Äthanol oder Aceton zu verstehen. *P. H. Hermans* [25] stellte bereits 1938 seine luftgequollenen Cellulosefäden durch Lösungsmittelaustausch her. Zur Entwässerung biologischen Materials ist diese Methode sehr verbreitet [10, 11, 12]. An Baumwollfasern wandte sie z. B. *Heyn* [23] zur Untersuchung des Trocknungseinflusses auf die Kristallinität an. *Kassenbeck* [3, 4] benutzte den Alkoholaustausch erstmals für die elektronenmikroskopische Präparation von Celluloseregeneratfäden. Er dehydratisierte in Wasser aufgequollene Viskoseseide, um sie in Methacrylat einzupolymerisieren. *Jayme* und *Fengel* [22] stellten an Zellstoffen fest, daß bei einer indirekten Trocknung über Lösungsmittelaustausch der Quellwert nur unbedeutend abfällt und keine irreversible Verhornung auftritt. Kürzlich verwendeten *Jayme* und *Balser* [24] den Lösungsmittelaustausch für elektronenmikroskopische Studien an „nie getrockneten" Cellophanfolien und *Beebe, Coalson* und *Marchessault* [26, 15] für Lichtstreuungs- und elektronenmikroskopische Untersuchungen von Cellulosegelen.

Die Gefriertrocknung besteht darin, daß eine wasserfeuchte Probe bei sehr tiefen Temperaturen gefriergeschockt und das entstandene amorphe Eis durch Tieftemperatursublimation im Hochvakuum entfernt wird. Eine brauchbare Methode zur Anwendung der Gefriertrocknung für die elektronenmikroskopische Präparation geht auf *Williams* [27] zurück. Anwendung auf polymere Systeme fand sie u. a. durch *Grasenick* [28], *Teder* [29], *Thürkauf* et al. [30], *Moore* [31], *Ruscher* und *Zuchold* [32] sowie *Cleasson, Boman* und *Gellerstedt* [33]. *Boman* und *Treiber* [34] halten diese Methode besonders geeignet für die Untersuchung der Struktur von Gelteilchen in der Viskose. *Heyn* [23] stellte bei der röntgenographischen Untersuchung ungetrockneter Baumwolle fest, daß eine Gefriertrocknung im Gegensatz zu einer direkten Trocknung keine Erhöhung der Kristallinität hervorruft. Für die Ultradünnschnittpräparation von Celluloseregeneratfäden ist die Gefriertrocknung unseres Wissens bisher noch nicht angewandt worden.

Lösungsmittelaustausch und Gefriertrocknung prüften wir an den aus Viskose in ein Koagulationsbad von 2n $(NH_4)_2SO_4$ ersponnenen und regenerierten Gelfäden („Ammonsulfatfäden"), die mit destilliertem Wasser salzfrei gewaschen wurden. Nach Alkoholaustausch des Quellungswassers bzw. Gefriertrocknung betteten wir die Proben in vorpolymerisiertes Methacrylat ein. Das Einbettungsmittel wurde mit Benzoldampf aus den Ultradünnschnitten herausgelöst und diese mit Palladium im Hochvakuum beschattet.

Lösungsmittelaustausch

Das Quellungswasser der Proben wurde stufenweise durch Äthanol ersetzt (30, 50, 80, 90, 100% an Äthanol). Die Proben verweilten 10 bis 14 h in jeder Lösung. Zum Schluß gelangten sie nochmals in absoluten Alkohol und wurden darin in einem gut verschlossenen Erlenmeyerkolben aufbewahrt. Vor der Einbettung in Methacrylat verdrängten wir den Alkohol durch 24 h Einlegen der Proben in das Monomerengemisch ohne Initiator.

Gefriertrocknung

Die regenerierten und mit destilliertem Wasser salzfrei gewaschenen Proben wurden in Isopentan bei ca. −158 °C gefriergeschockt und das entstandene Eis bei einem Hochvakuum von 10^{-4} Torr aus ihnen absublimiert (Hochvakuumgefriertrocknungsanlage HVG 1 vom VEB Labortechnik Ilmenau). Die Probe befand sich dabei in einem Glasgefäß, das wir von außen mit einer Kohlendioxid/Äthylenchlorid-Mischung auf −39 °C temperierten. Diese Temperatur mußte bis zur Trocknung der Probe aufrechterhalten werden. Den Trocknungsverlauf verfolgten wir anhand des Vakuums. Verschlechterte es sich bei langsamem Anheben der Proben-

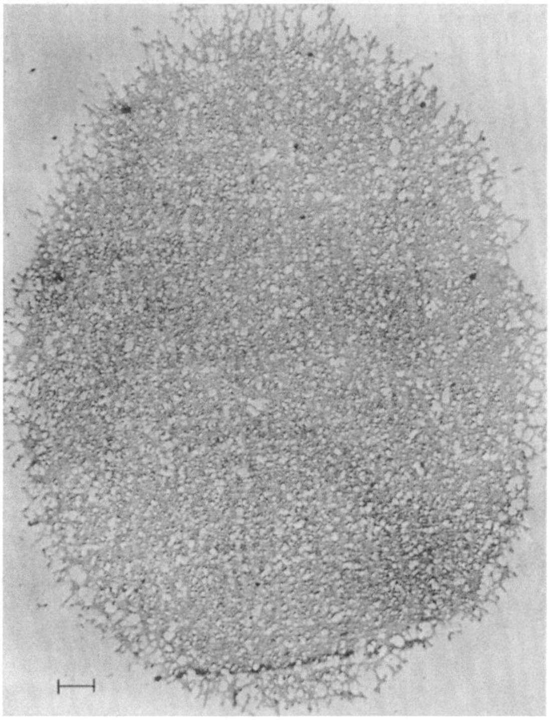

Bild 9. 2n$(NH_4)_2SO_4$; 20°C, Gefriertrocknung, Methacrylateinbettung, gelöst mit Benzoldampf, Pd-beschattet, Vergrößerung 5300:1

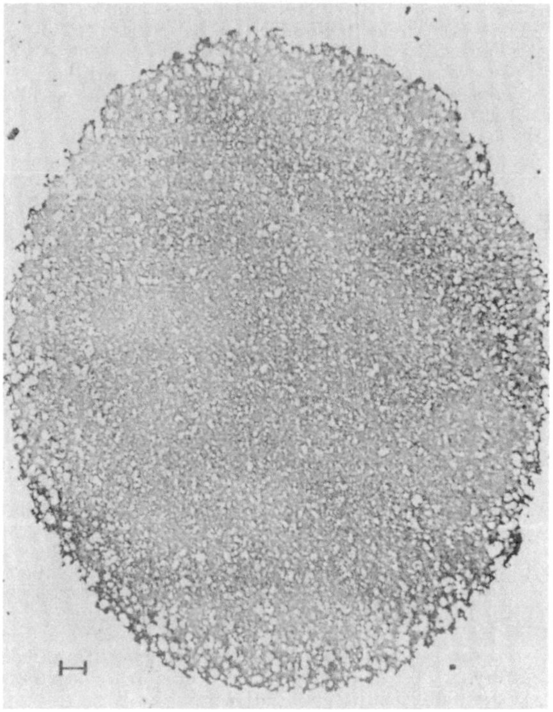

Bild 10. 2n Na_2SO_4; 20°C, Alkoholreihe, Methacrylateinbettung, gelöst mit Benzoldampf, Pd-beschattet, Vergrößerung 4000:1

temperatur nicht, so war die Gefriertrocknung beendet. Es folgte eine Nachtrocknung über 4 bis 5 h ohne Probenkühlung. Nach Ablauf dieser Zeit wurde das Fasermaterial aus der Apparatur entnommen und in einem Vakuumexsikkator über Phosphorpentoxid aufbewahrt. Vor der Einbettung in vorpolymerisiertes Methacrylat penetrierten wir die Proben wiederum mit den Monomeren ohne Initiator.

Bild 9 zeigt einen gefriergetrockneten und Bild 10 einen durch Alkoholaustausch dehydratisierten Faden im Querschnitt. Ihr Aussehen unterscheidet sich grundsätzlich von dem der luftgetrockneten Fäden (Bild 4). Anstelle eines elektronenoptisch homogenen Querschnittes erkennt man jetzt ein lockeres Cellulosenetzwerk, wie es bereits von *Kratky* und *P. H. Hermans* aus umfangreichen Untersuchungen über das Deformationsverhalten von Modellfäden gefolgert wurde [35]. Die von den Stegen des Netzes begrenzten Hohlräume verteilen sich gleichmäßig über den ganzen Schnitt. Ihre Größe ist unterschiedlich, und man kann Durchmesser von < 100 bis 4000 Å ausmessen. Das sehr lockere Cellulosenetz wird durch die zwei Dehydratationsverfahren in prinzipieller Übereinstimmung wiedergegeben. Lösungsmittelaustausch und Gefriertrocknung beruhen jedoch auf ganz verschiedenen Dehydratationsvorgängen. Daraus leiten wir ab, daß es sich hier um ein reales Abbild der Gelstruktur der untersuchten Cellulosehydratfäden handelt.

Zusammenfassung

Die Untersuchung der Feinstruktur von Celluloseregeneratfäden, besonders von Supercorden, läßt Hohlräume in Ultradünnschnitten erkennen. Diskutiert wird, daß die Hohlräume eine Folge der Zersetzungsprodukte des Cellulosexanthogenates sein könnten.

Wir beschäftigten uns deshalb zunächst mit Koagulationsfäden, deren Zersetzung sehr langsam durchgeführt wird (pH-Wert der Zersetzungslösung 5 bis 7). Dadurch können die Zersetzungsprodukte überwiegend in gelöster Form abdiffundieren. Die Ultradünnschnitte dieser Fäden enthielten keine Hohlräume. Vielmehr deutete sich eine Feinstruktur in Form eines Cellulosenetzes an.

Weitere Einzelheiten dieser Feinstruktur sind jedoch erst zu erkennen, wenn man den Quellungszustand der Fäden bewahrt, den sie nach Koagulation und langsamer Regeneration besitzen. Gefriertrocknung und Lösungsmittelaustausch erwiesen sich dafür als geeignet. Durch diese Präparationsmethoden kann gezeigt werden, daß die Koagulation der Viskose unter dem Einfluß von $(NH_4)_2SO_4$ und Na_2SO_4 zu Fäden führt, in denen die Cellulose in Form eines dreidimensionalen Netzwerkes angeordnet ist. Die direkte Trocknung dagegen führt zu einer wesentlichen Verdichtung dieses Cellulosenetzwerkes, die durch ein Wiederaufquellen in Wasser nicht vollständig rückgängig zu machen ist.

Literatur

[1] *Gröbe, A.*, *Maron, R.*, und *Rose, K. P.:* Elektronenmikroskopische Untersuchungen an Oberflächen von Celluloseregeneratfäden. Teil I. Eine Methode zur Herstellung von Oberflächenrepliken ungetrockneter Fäden. Faserforsch. u. Textiltechnik **19** (1968) 6, S. 253—258. Teil II. Nachweis und Charakterisierung von Deckschichten auf den Fadenoberflächen. Faserforsch. u. Textiltechnik **19** (1968) 7, S. 319—324. Teil III. Wirkung von Viskosemodifikatoren auf die Deckschichtbildung — analytischer und lichtmikroskopischer Nachweis. Faserforsch. u. Textiltechnik **19.** (1968) 8, S. 358—362. Teil IV. Wirkung von Viskosemodifikatoren auf die Deckschichtbildung — elektronenmikroskopischer Nachweis. Faserforsch. u. Textiltechnik **19** (1968) 11, S. 497—502. Teil V. Zusammenfassende Diskussion der Ergebnisse. Faserforsch. u. Textiltechnik **19** (1968) 12, S. 553—558.

[2] *Kassenbeck, P.:* La microscopie électronique au service de la recherche textil. Teintex, Paris **20** (1955) 7, S. 531–540.
[3] *Kassenbeck, P.:* Application de l'ultramicrotomie a l'etude de la structure fine des fibres de rayonne viscose. Bull. Inst. Textile France (1956) 61, S. 7–15.
[4] *Kassenbeck, P.:* Neue präparative Methoden der Elektronenmikroskopie und ihre Ergebnisse auf dem Gebiet der Faserforschung. Melliand Textilber. **39** (1958) 1, S. 55–61.
[5] *Cumberbirch, R. J. E., Drummond, D. G., Ford, J. E.,* und *Simmens, S. E.:* Model viscose rayon filaments. J. Textile Inst. **50** (1959) 3, S. T262–T283.
[6] *Kaeppner, W. M.:* Electron microscope observations on the fine structure of rayon. Tappi, New York **46** (1963) 11, S. 637–644.
[7] *Kaeppner, W. M.,* und *Huang, Y. M.:* Electron microscope observations on cellulose graft copolymers: Radiation induced rayon-styrene graft copolymers. Textile Res. J. **35** (1965) 6, S. 504–516.
[8] *Spit, B. J.:* Preparation techniques for studying voids in cellulose from viscose. J. Textile Inst. **50** (1959) 10, S. T553–T557.
[9] *Kling, W., Mahl, H.,* und *Heumann, W.:* Beobachtunan Modifierfasern. Melliand Textilber. **44** (1963) S. 335–339.
[10] *Reimer, L.:* Elektronenmikroskopische Untersuchungs- und Präparationsverfahren. Berlin/Heidelberg/New York: Springer 1967.
[11] *Peace, D. C.:* Histological techniques for electron microscopy. New York/London: Academic Press 1964.
[12] *Kay, D.:* Techniques for electron microscopy. Oxford: Blackwell Scientific Publications 1965.
[13] Basic research Report, No 28, June 1964, Internat. Cell. Res. Ltd., Hawkesbury Ontario Canada.
Kaeppner, W. M.: Voids in viscose rayon tire yarn. Textile Res. J. **28** (1968) S. 662–667.
[14] *Hermans, P. H.:* Examination of rayon cross sections with the electron microscope in conjunction with supplementary light microscopic observations. Textile Res. J. **20** (1950) S. 105–108.
[15] *Coalson, R. L., Day, A.,* und *Marchessault, R. H.:* The structure of cellulose gels by light scattering and thin section electron microscopy. Vortrag: Second Internat. Symposium on Viscose Technical Questions, Stockholm, 2. bis 4. Oktober 1967.
[16] siehe [6] Seite 643.
[17] *Hermans, P. H.,* und *De Leeuw, A. J.:* Beiträge zur Kenntnis des Deformationsmechanismus und der Feinstruktur der Hydratcellulose. II. Deformationsmechanismus, Quellungsanisotropie und mechanische Eigenschaften stark gequollener Hydratcellulosegele. Kolloid-Z. **81** (1937) S. 300–326.
[18] *Gröbe, A., Maron, R., Haudel, G.,* und *Klare, H.:* Aufbau und Erprobung einer Laborspinnapparatur zur Herstellung von Viskosekapillarfäden. Faserforsch. u. Textiltechnik **13** (1962) S. 264–269.
[19] *Haudel, G.:* Untersuchungen zum Viskosespinnprozeß. Dissertation TH für Chemie „Carl Schorlemmer", Leuna-Merseburg 1964.
[20] *Reimer, L.:* Elektronenmikroskopische Untersuchungs- und Präparationsmethoden. Berlin/Göttingen/Heidelberg: Springer 1959, S. 248.
[21] *Jayme, G.:* Bestimmung und Bedeutung der Reaktionsfähigkeit von Zellstoffen. Svensk Papperstidn. **50** (1947) 11B, S. 117–123.
Jayme, G., und *Hunger, G.:* Verhornungserscheinungen an Cellulosefaserstrukturen in elektronenoptischer Sicht. Mh. Chemie **87** (1956) 1, S. 8–23.
Jayme, G., und *Hunger, G.:* Eine elektronenoptische Studie über das Verhalten der Cellulosemikrofibrillen bei der Trocknung. Ausbildung von Ringnetzstrukturen und Fibrillensträngen. Mikroskopie **13** (1958) S. 24–38.
Jayme, G., und *Rothamel, L.:* Versuche zwecks Schaffung einer Einheits-Schleuder-Methode für die Bestimmung des Quellwertes von Zellstoffen. Papier **2** (1948) S. 7–18.
Jayme, G., und *Büttel, H.:* Über die Bestimmung und Bedeutung des Wasserrückhaltevermögens (des WRV-Wertes) verschiedener gebleichter und ungebleichter Zellstoffe. Papier **20** (1966) S. 357–366.
Büttel, H.: Zusammenhänge zwischen dem Wasserrückhaltevermögen und anderen Eigenschaften verschiedener nativer und regenerierter Cellulosefasern. Dissertation TH Darmstadt 1966.
[22] *Jayme, G.,* und *Fengel, D.:* Über die Veränderung des Feinbaus feuchter Zellstoffe bei der Trocknung. Papier **17** (1963) S. 550–555.
[23] *Heyn, A. N. J.:* Crystalline state of cellulose in fresh and dried nature cotton fiber from unopened bolls as studied by X-ray diffraction. J. Polymer. Sci. Part A **3** (1965) S. 1251–1265.
[24] *Jayme, G.,* und *Balser, K.:* Beiträge zur Strukturaufklärung von Viskosezellglas. Teil II. Elektronenmikroskopische Untersuchungen an Feuchtabdrücken und Ultradünnschnitten von nie getrocknetem Gelband. Papier **19** (1965) S. 572–581.
[25] *Hermans, P. H.:* Beiträge zur Kenntnis des Deformationsmechanismus und der Feinstruktur der Hydratcellulose. Teil III. Deformationsmechanismus und Quellungsanisotropie bei Hydratcellulose-Gelen verschiedenen Quellungsgrades. Kolloid-Z. **82** (1938) S. 58–67.
[26] *Beebe, E. V., Coalson, R. L.,* und *Marchessault, R. H.:* Characterisation of cellulose gels by small angle light scattering. J. Polymer Sci. C: Polymer Symposia (1966) 13, S. 103–122.
[27] *Williams, R. C.:* A method of freeze-drying for electron microscopy. Exp. Cell Res. **4** (1953) S. 188–201.
[28] *Grasenick, F.:* Über die elektronenmikroskopische Untersuchung von Eis und empfindlichen Stoffsystemen. In: *Breese, S. S.:* Electron Microscopy, Vol. 1, New York/London: Akademic Press 1962, S. GG–12.
[29] *Teder, A.:* Elektronenmikroskopische Untersuchungen über die Veränderungen der Blattstuktur von Zellstoffen beim Befeuchten. Svensk Papperstidn. **67** (1964) S. 421–431.
[30] *Thürkauf, M., Ramel, A., Kuhn, W.,* und *Richter, J.:* Tieftemperaturbeschattung als elektronenmikroskopische Präparationsmethode. Abh. dt. Akad. Wiss. Berlin, Kl. f. Medizin (1964) 6, S. 41–44.
[31] *Moore, H.:* Gefriertrocknung. In: Moderne Methoden der Pflanzenanalyse, herausgegeben von *H. F. Linskens* und *M. V. Tracey.* Bd. 5, S. 73–96. Berlin/Göttingen/Heidelberg: Springer 1962.
[32] *Ruscher, Ch.,* und *Zuchold, H.:* Elektronenmikroskopische Untersuchungen der Lösung von Hochpolymeren. Faserforsch. u. Textiltechnik **15** (1964) 12, S. 626–631.
[33] *Claesson, S., Boman, N.,* und *Gellerstedt, N.:* Low temperature freeze-drying and electron microscopy for studying gel particles and other supermolecular structures in solutions. Makromol. Chemie **92** (1966) S. 51–54.
[34] *Boman, N.,* und *Treiber, E.:* Particles in viscose. Svensk Papperstidn. **71** (1968) S. 267–277.
[35] *Hermans, P. H.:* Physics and Chemistry of Cellulose fibres. New York/Amsterdam/London/Brüssel: Elsevier Publ. Co, Inc. 1949, S. 397ff.
Hermans, P. H.: Deformation mechanism of cellulose gels. I. Present status of the problem. J. Polymer Sci. **1** (1964) S. 389–392.
[36] *Niconovic, G. V., Burchanova, N. D., Leonteva, S. A.,* und *Usmanov, Ch. U.:* Untersuchung der übermolekularen Struktur von Regeneratcellulose-Cordseiden. Chim. Volokna (Chem. Fasern) (1968) 4, S. 64–66; dt. in Sowj. Beitr. Faserforsch. Textiltechnik **5** (1968) 12, S. 639–642.

Eingegangen am 16. Oktober 1968

Untersuchung der Diffusionsvorgänge beim Erspinnen von Polyacrylnitrilfaserstoffen[1]

A. T. Serkov, G. J. Kudrjavcev, V. S. Klimenkov, L. A. Serkova und *Ju. P. Koževnikov*
Unionsforschungsinstitut für Kunstfasern, Mytišči/UdSSR

DK 677.494.745.32:677.494.051.5.001.572:532.72
66.062.11:66.062.855.5

Auf einer Modellspinnapparatur wurden aus einer 20%igen Polyacrylnitrillösung unter Anwendung wäßriger Fällbäder Fäden ersponnen. Hierbei wurden in Abhängigkeit von den Spinnbedingungen der Farbumschlag eines Indikators (Kobaltchlorid), der der Polymerlösung zugesetzt worden war, und die Zusammensetzung des Fadens in verschiedenem Abstand von der Düse ermittelt. Aus den erhaltenen experimentellen Daten wurden mit Hilfe einer graphischen Lösung der Diffusionsgleichung für nichtstationäre Prozesse die Diffusionskoeffizienten für Wasser und Dimethylformamid berechnet.

Изучение диффузионных процессов при формовании полиакрилонитрильных волокон

На модельной установке с применением водных осадительных ванн были сформованы волокна из 20%-ного раствора ПАН. При этом, в зависимости от условий формования, определены изменение цвета индикатора (хлористого кобальта), введенного в прядильный раствор, и состав волокна на различном расстоянии от фильеры. Исходя из полученных экспериментальных данных путем графического решения диффузионного уравнения для нестационарных процессов вычислены коэффициенты диффузии для воды и диметилформамида.

Investigation of Diffusion Processes in Spinning Polyacrylonitrile Fibres

By means of a model spinning device a 20% polyacrylonitrile solution was converted into fibres in aqueous coagulation baths. The colour changes of an indicator (cobalt chloride) added to the spinning solution and the composition of the fibres were examined at different distances from the spinneret in dependence on the spinning parameters. From the data obtained the diffusion coefficients of water and dimethyl formamide were calculated using a graphical solution of the diffusion equation for non-stationary state processes.

Die Diffusion des Fällmittels in den sich bildenden Faden bestimmt die Kinetik der Ausfällung des Polymeren und demzufolge seine übermolekulare Struktur und textilphysikalischen Eigenschaften. Deshalb ist es verständlich, daß von verschiedenen Autoren [1 bis 4] der Diffusion beim Erspinnen von Polyacrylnitrilfaserstoffen großes Interesse entgegengebracht wurde. Die zentrale Frage bei der Untersuchung der Diffusion ist die Bestimmung des Diffusionskoeffizienten, d. h. der Konstanten, die die Geschwindigkeit der Diffusion charakterisiert. Wenn man den Diffusionskoeffizienten, den Fadenradius und die Konzentration des Fällungsmittels im Fällbad kennt, so kann man die Verteilung des Fällungsmittels im Faden in Abhängigkeit von der Zeit berechnen und daraus Schlußfolgerungen über die Kinetik der Fällung ziehen. In einem der nächsten Abschnitte werden Methoden zur Bestimmung des Diffusionskoeffizienten von Wasser und Dimethylformamid (DMF) beim Erspinnen eines Polyacrylnitrilfadens nach dem Naßspinnverfahren beschrieben. Eine der Methoden beruht auf der Bestimmung des Farbumschlagpunktes eines Indikators im sich bildenden Faden, die zweite Methode basiert auf der gravimetrischen und volumetrischen Bestimmung der diffundierenden Komponenten. Die Berechnung wird mit Hilfe der graphischen Lösung der Diffusionsgleichung durchgeführt [5]. Aus den erhaltenen experimentellen Daten wird die Konzentrationsverteilung für Wasser und DMF im spinnenden Faden für Fällbedingungen berechnet, die den industriellen Bedingungen nahe kommen.

Experimenteller Teil

Für die Versuche wurde ein Homopolymerisat mit einer spezifischen Viskosität (0,5%ige Lösung in Dimethylformamid) von 1,44 angewandt. Die 20%igen Spinnlösungen wurden durch Auflösen des Polymeren in DMF bei 80 °C hergestellt; die Lösedauer betrug 1,5 h.

Für die Bestimmung des Diffusionskoeffizienten nach der Indikatormethode wurde die Spinnlösung mit Hilfe eines Kolbens durch eine Düse gedrückt, die mit Ausnahme zweier Versuche einen Lochdurchmesser von 0,4 mm hatte. Die Ausspritzgeschwindigkeit betrug 0,138 ml/min mit Ausnahme der Versuche 6 und 7 (s. Tabelle 1), bei denen zur Einhaltung der gleichen Ausspritz- und Abzugsgeschwindigkeit des Fadens bei größerem Düsenlochdurchmesser (0,6 und 0,8 mm) die Ausspritzgeschwindigkeit 0,266 bzw. 0,497 ml/min betrug.

Als Fällbäder wurden Mischungen aus Wasser und DMF angewandt. Die Konzentration des Wassers wurde von 20 bis 100% variiert. Die Abzugsgeschwindigkeit wurde mit 1,0 m/min konstant gehalten; ausgenommen hiervon sind die Versuche 8 und 9, in denen ihr Einfluß auf die Diffusion untersucht wurde. Die Fällbadtemperatur wurde in allen Versuchen mit Ausnahme von zweien (Versuch 10 und 11) auf 20 °C ± 1 grd gehalten.

Als Indikator wurde Kobaltchlorid angewandt [4]. Sein Zusatz ruft eine intensive Blaufärbung der Spinnlösung hervor. Bei Zusatz von Wasser zur Spinnlösung wird die Färbung anfangs rosa-violett, und bei Hinzugeben weiterer Mengen Wasser wird die Lösung rosa. Die Farbänderung erfolgt durch Bildung von Kobaltchloridhydraten mit unterschiedlichem Gehalt an Hydratwasser [5]. Zur genauen Feststellung des Farbumschlagpunktes wurden der Spinnlösung Kobaltchlorid in einer Menge von 5 g/l zugesetzt. Durch Titration einer gesonderten Probe der DMF-Lösung, die 5 g/l $CoCl_2$ enthielt, wurde festgestellt, daß die Farbänderung eintritt, wenn die Wasserkonzentration im DMF 19,4% erreicht.

Der Abstand des Farbumschlagpunktes von der Düse wurde mit Hilfe einer Meßskala visuell ermittelt. Wegen des diffusen Farbüberganges betrug die Meßgenauigkeit ±5%.

Bei den Berechnungen wurde angenommen, daß die Konzentration des Wassers im Farbumschlagpunkt 19,4% beträgt. Der Abstand des Farbumschlagpunktes von der Düse wurde in Abhängigkeit von der Wasserkonzentration des Fällbades, dem Düsenlochdurchmesser, der Abzugsgeschwindigkeit, der Fällbadtemperatur und dem Zusatz oberflächenaktiver Stoffe zum Fällbad bestimmt; die erhaltenen Ergebnisse sind in Tabelle 1 aufgeführt. In Abhängigkeit von den genannten Parametern ändert sich der Abstand

[1]) Übersetzt von *G. Mann*, Institut für Faserstoff-Forschung der DAW, Teltow-Seehof.

Tabelle 1. Berechnung des Diffusionskoeffizienten von H_2O

Versuchs-Nr.	H_2O-Konz. im Fällbad [%]	Durchm. des Düsenloches [cm]	Abzugsgeschw. [cm/s]	Fällbadtemp. [°C]	Fadenradius [cm]	Abstand des Farbumschlagspunktes von der Düse [cm]	c_t/c_0	t [s]	Dt/R^2	Diffusionskoeff. $D \cdot 10^5$ [$cm^2 \cdot s^{-1}$]
1	29	0,04	1,67	20	0,021	26,0	0,669	15,5	0,27	0,78
2	43	0,04	1,67	20	0,021	16,0	0,452	9,57	0,18	0,82
3	54	0,04	1,67	20	0,021	14,0	0,359	8,38	0,15	0,79
4	60	0,04	1,67	20	0,021	13,5	0,323	8,08	0,14	0,76
5	100	0,04	1,67	20	0,021	9,5	0,194	5,68	0,10	0,77
6	60	0,06	1,67	20	0,029	25,0	0,323	15,0	0,14	0,78
7	60	0,08	1,67	20	0,040	48,0	0,323	28,8	0,14	0,78
8	54	0,04	4,5	20	0,013	14,0	0,359	3,11	0,15	0,82
9	54	0,04	1,05	20	0,026	14,0	0,359	13,3	0,15	0,78
10	54	0,04	1,67	30	0,021	12,0	0,359	7,18	0,15	0,92
11	54	0,04	1,67	40	0,021	9,5	0,359	5,68	0,15	1,16
12*	60	0,04	1,67	20	0,021	14,5	0,323	8,68	0,14	0,71
13*	100	0,04	1,67	20	0,021	11,0	0,194	6,58	0,10	0,67

*) Die Versuche wurden mit einem Zusatz oberflächenaktiver Stoffe zum Fällbad durchgeführt.

des Farbumschlagpunktes von der Düse in einem ziemlich großen Intervall: von 9,5 cm (Versuch 5) bis 48 cm (Versuch 7).

Bei der Bestimmung des Diffusionskoeffizienten von H_2O und DMF nach der gravimetrischen Methode wurde die Fadenbildung unter Bedingungen durchgeführt, die dem Versuch 4 analog waren. Der gebildete Faden wurde in verschiedenem Abstand von der Düse aus dem Fällbad herausgeführt und auf einer Galette aufgewickelt. Sofort nach dem Austritt des Fadens aus dem Fällbad wurde das anhaftende Fällbad mit Hilfe zweier senkrecht angeordneter Papierfilter abgestreift. Der frischgebildete Faden wurde von der Galette in ein Wägegläschen übergeführt und auf einer Analysenwaage gewogen. Das Gewicht der Proben schwankte zwischen 0,4 und 0,5 g (Spinnzeit für eine Probe: 4 bis 5 min). Von der gewogenen Probe wurden der DMF-Gehalt (durch Verseifen zu NH_4OH und anschließende Titration mit 0,1 n HCl) und der Polymerengehalt (Trocknen und Auswaage) bestimmt. Aus dem Gewicht des frisch ersponnenen Fadens und seinem Gehalt an DMF und Polymerem wurde der Wasserhalt im frisch ersponnenen Faden berechnet.

Die erhaltenen Ergebnisse über die Zusammensetzung des frisch ersponnenen Fadens bei Änderung des Abstandes von der Düse im Bereich von 2,5 bis 19 cm sind im Tabelle 2 zusammengefaßt. Der DMF-Gehalt sinkt in Anfangsstadium im Verlauf von 1,5 s (2,5 cm) von 80 auf 70,4% ab. Bei einem Abstand von 19 cm (11,4 s) von der Düse ist der DMF-Gehalt auf 56,4% abgesunken. Demgegenüber nimmt der Wassergehalt im Faden zu, wobei er nach 11,4 s 22,4% erreicht. Es ist charakteristisch, daß die Menge an DMF, die aus dem Faden diffundiert, und die Menge an Wasser, die in den Faden diffundiert, gewichtsmäßig annähernd gleich sind, während die Polymerkonzentration mit 20,3 ± 0,6% praktisch konstant bleibt.

Diskussion der Ergebnisse

In Bild 1 ist die Fadenbildung in Gegenwart eines Indikators schematisch dargestellt. In den ausfließenden Spinnlösungsstrahl diffundiert Wasser, wodurch sich die Farbe des Indikators von blau nach rosa verändert. Die gefärbte Spinnlösung bildet einen Kegel mit einer Spitze im Punkt D. In diesem Punkt, der den Abstand l von der Düse hat, findet die Farbänderung des Indikators in der Mitte des Fadens statt. Dies bedeutet, daß in diesem Abstand in der Fadenmitte die Konzentration des Wassers 19,4% beträgt.

Die Berechnung der Diffusion beim Erspinnen von Polyacrylnitrilfaserstoffen kann mit Hilfe der Diffusionsgleichung für nichtstationäre Prozesse im zylindrischen Koordinatensystem durchgeführt werden:

$$\frac{\partial c}{\partial t} = D\left(\frac{\partial^2 c}{\partial r} + \frac{1}{r}\,\frac{\partial c}{\partial r}\right).$$

(c = Konzentration des diffundierenden Stoffes,
D = Diffusionskoeffizient,
r = Radius des Zylinders,
t = Zeit.)

Tabelle 2. Berechnung des Diffusionskoeffizienten von DMF

Abstand [cm]	Zeit [s]	Zusammensetzung des frisch ersponnenen Fadens [%]: PAN	DMF	H_2O	Zusammensetzung des DMF/H_2O-Gemisches im Faden [%]: DMF	H_2O	c_t/c_0	Dt/R^2	$D \cdot 10^5$ [$cm^2 s^{-1}$]
2,5	1,5	20,1	70,4	9,5	88,3	11,7	0,805	0,025	0,73
5,0	3,0	20,9	66,5	12,6	83,9	16,1	0,732	0,045	0,66
8,0	4,8	20,6	64,4	15,0	81,1	18,9	0,685	0,057	0,52
11,0	6,6	20,8	63,2	16,0	80,0	20,0	0,667	0,065	0,43
16,0	9,6	20,7	59,5	19,7	75,0	25,0	0,584	0,087	0,40
19,0	11,4	21,2	56,4	22,4	71,6	28,4	0,527	0,105	0,41

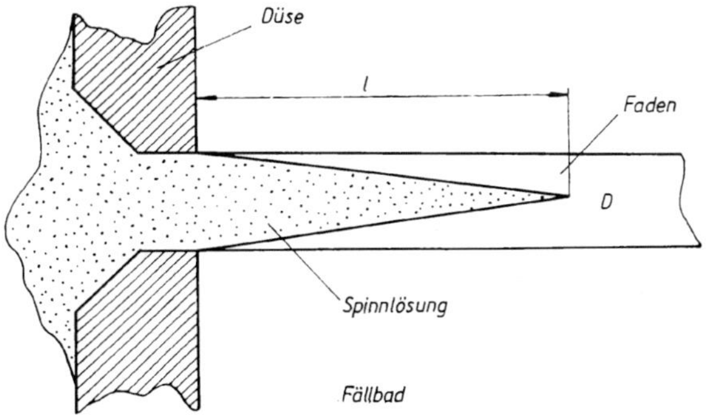

Bild 1. Schema der Bildung eines Polyacrylnitrilfadens mit Zusatz eines Indikators zur Spinnlösung

Die graphische Lösung dieser Gleichung [6] ist in Bild 2 dargestellt. Die Variablen im Diagramm kann man den Bedingungen der Fadenbildung zuordnen [7]. Auf der horizontalen Achse ist die dimensionslose Variable r/R aufgetragen, in der r der Abstand von der Fadenachse bis zum gegebenen Punkt und R der Fadenradius ist. Auf der vertikalen Achse ist die dimensionslose Konzentration c_t/c_0 aufgetragen, wobei c_t die Konzentration des Wassers im gegebenen Punkt und c_0 die Konzentration des Wassers im Fällbad, d. h. an der Fadenoberfläche ist. Die Zeit wird durch die dimensionslose Variable Dt/R^2 ausgedrückt, in der D der Diffusionskoeffizient, t die Zeit und R der Radius des Zylinders (Fadens) ist. Die Kurven für die verschiedenen Werte der dimensionslosen Größe Dt/R^2 gehen im Diagramm von einem Punkt aus, der auf der Oberfläche des Zylinders liegt; in ihm ist $c_t/c_0 = 1$ und $r/R = 1$.

In Bild 2 ist die Diffusion des Wassers ins Innere des sich bildenden Fadens graphisch dargestellt. Betrachten wir einzelne Etappen dieses Prozesses, die durch die Punkte A, B, C und D gekennzeichnet sind. Der Punkt A hat die Koordinaten $r/R = 0{,}7$, $c_t/c_0 = 0$ und $Dt/R^2 = 0{,}005$. Dies bedeutet, daß sich die Front, an der die Konzentration des Wassers Null ist, im Verlaufe der Zeit $t = 0{,}005\ R^2/D$ s von der Fadenoberfläche um 30% von R ins Innere verschoben hat.

Der Punkt B hat die Koordinaten $r/R = 0$, $c_t/c_0 = 0$, $Dt/R^2 = 0{,}04$. Dieser Punkt befindet sich in der Mitte des Fadens. Die Konzentration Null des Wassers erreicht diesen Punkt nach der Zeit $t = 0{,}04\ R^2/D$ [s].

Der Punkt C hat die Koordinaten $r/R = 0$, $c_t/c_0 = 0{,}5$ $Dt/R^2 = 0{,}2$. Dies bedeutet, daß in der Mitte des Zylinders nach der Zeit $t = 0{,}2\ R^2/D$ [s] die Konzentration des Wassers 50% von der im umgebenden Fällbad beträgt.

Der Punkt D hat die Koordinaten $r/R = 0$, $c_t/c_0 = 1$, $Dt/R^2 = 1$. Die Diffusion ist praktisch beendet. Die Konzentration in der Fadenmitte ist gleich der im Fällbad.

Das betrachtete Diagramm kann zur Bestimmung des Diffusionskoeffizienten bei der Fadenbildung in Gegenwart eines Indikators in folgender Weise angewandt werden. Nehmen wir zum Beispiel die Daten des Versuches 1 (Tabelle 1):

Im Farbumschlagpunkt des Indikators in der Fadenmitte beträgt die Konzentration des Wassers, wie oben

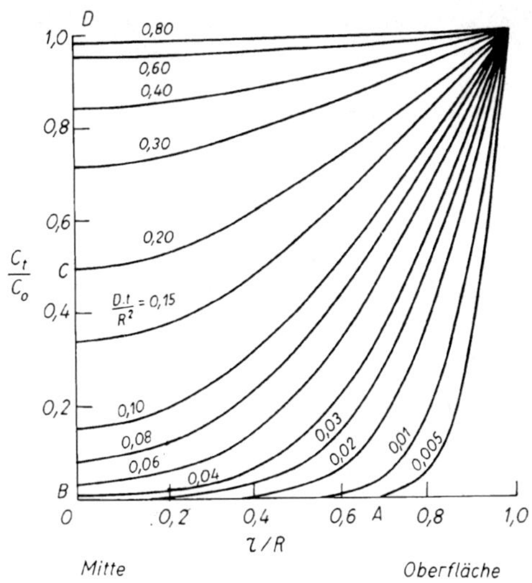

Bild 2. Graphische Lösung der Gleichung für die Diffusion in einen Zylinder

gezeigt wurde, 19,4%, d. h. $c_t = 19{,}4$. Die H_2O-Konzentration im Fällbad ist $c_0 = 29\%$. Daraus ergibt sich für die Koordinate c_t/c_0 $19{,}4/29 = 0{,}669$.

Für die Bestimmung der Zeitkoordinate Dt/R^2 tragen wir c_t/c_0 gegen Dt/R^2 auf (s. Bild 3), wobei wir die Daten der graphischen Lösung der Diffusionsgleichung anwenden. Aus dem erhaltenen Diagramm ergibt sich, daß bei $c_t/c_0 = 0{,}669$, $Dt/R^2 = 0{,}27$ ist. Den Fadenradius berechnen wir aus dem Verhältnis der Ausspritz- zur Abzugsgeschwindigkeit nach der Formel [1]:

$$R = R_0 \sqrt{\frac{v_0}{v}} = 0{,}02 \sqrt{\frac{1{,}84}{1{,}67}} = 0{,}021,$$

wobei R_0 der Radius des Düsenloches, v_0 die Ausspritzgeschwindigkeit und v die Fadenabzugsgeschwindigkeit sind.

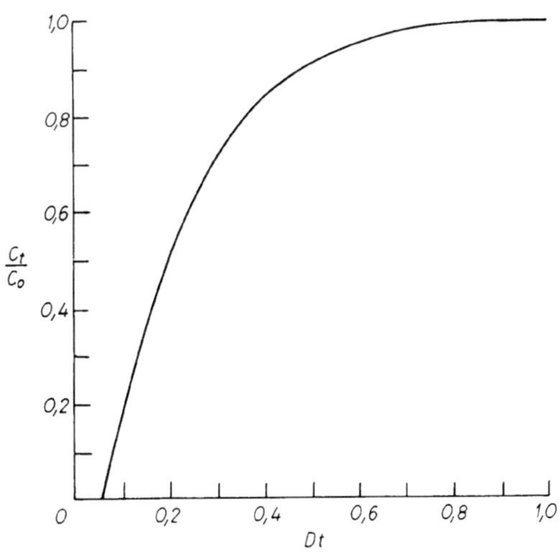

Bild 3. Änderung der Wasserkonzentration in der Fadenmitte in Abhängigkeit von der Zeit

Die Zeit zum Erreichen der Konzentration 19,4% in der Fadenmitte läßt sich aus dem Abstand des Farbumschlagpunktes von der Düse und der Abzugsgeschwindigkeit berechnen:

$$t = \frac{l}{v} = \frac{26}{1,67} = 15,5 \text{ s},$$

wobei l der Abstand des Farbumschlagpunktes von der Düse ist. Löst man den Ausduck $Dt/R^2 = 0,27$ nach D auf und setzt die gefundenen Werte für R und t ein, so erhält man:

$$D = \frac{0,27\, R^2}{t} = \frac{0,27 \cdot 0,021^2}{15,5} = 0,78 \cdot 10^{-5}\,\text{cm}^2 \cdot \text{s}^{-1}.$$

Somit muß man für die Bestimmung des Diffusionskoeffizienten nach der dargelegten Methode den Fadenradius, den Abstand des Farbumschlagpunktes des Indikators, die Abzugsgeschwindigkeit des Fadens, die Konzentration des Wassers im Fällbad und die im Farbumschlagspunkt des Indikators kennen. Kennt man die aufgezählten Größen, so kann man unter Ausnutzung der graphischen Lösung der Diffusionsgleichung in zylindrischen Koordinaten relativ leicht den Diffusionskoeffizienten berechnen.

Die Methode bietet die Möglichkeit zur Gewinnung zuverlässiger Daten in einem breiten Intervall der Änderung der Fadenbildungsparameter. Aus Tabelle 1 ist ersichtlich, daß bei einer Änderung der Konzentration des Wassers im Fällbad von 29 bis 100%, einer Vergrößerung des Düsenlochdurchmessers von 0,4 auf 0,8 mm und einer Erhöhung der Abzugsgeschwindigkeit von 1,67 auf 4,5 cm/s eine zufriedenstellende Konstanz des Diffusionskoeffizienten zu verzeichnen ist. Die Abweichungen übersteigen nicht ± 5%.

Bei Erhöhung der Fällbadtemperatur von 20 auf 30 und 40 °C nimmt der Diffusionskoeffizient um 20 bis 30% pro 10 grd Temperaturerhöhung zu, was für Diffusionsprozesse typisch ist.

Eine merkliche Erniedrigung des Diffusionskoeffizienten (um 10 bis 20%) wird bei Zusatz oberflächenaktiver Stoffe zum Fällbad beobachtet. Der Mechanismus dieser Wirkung oberflächenaktiver Stoffe und die hiermit verknüpften Änderungen der strukturellen und textilphysikalischen Eigenschaften der Fäden werden in einer anderen Mitteilung betrachtet werden.

Für die Berechnung der Diffusionskoeffizienten von DMF und H_2O aus den Ergebnissen der Bestimmung der Fadenzusammensetzung in verschiedenen Abständen von der Düse wandten wir eine andere Methode an, die ebenfalls auf der Ausnutzung einer graphischen Lösung der Diffusionsgleichung beruht.

Die in Tabelle 2 zusammengefaßten Daten über den DMF- und H_2O-Gehalt in verschiedenem Abstand von der Düse stellen ihrem Wesen nach mittlere Konzentrationen über den Fadenquerschnitt dar. Anhand der graphischen Lösung der Diffusionsgleichung kann man die Abhängigkeit der mittleren Konzentrationen von der Zeit (oder vom Abstand von der Düse im gegebenen Fall) für verschiedene Werte von c_0, D und R feststellen.

Nehmen wir an, daß die Fläche des in Bild 2 gezeigten Diagramms zahlenmäßig gleich der Stoffmenge

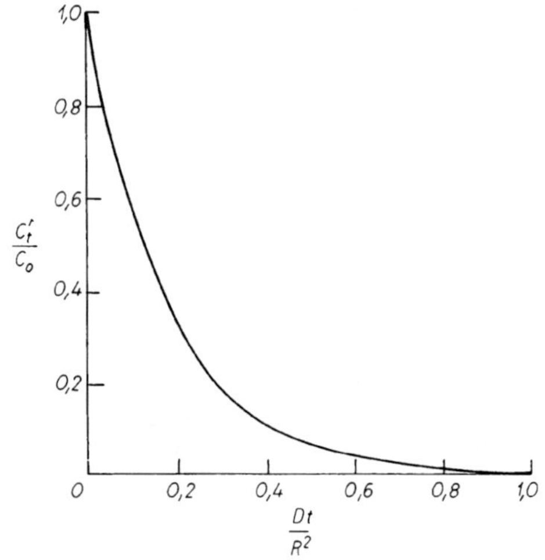

Bild 4. Abnahme der mittleren DMF-Konzentration im Faden mit der Zeit

c_0 ist, die bis zum Erreichen des Gleichgewichtszustandes, d. h. wenn $c_t = c_0$, in den Faden eindringt. Dann dringt zum Beispiel in der Zeit $Dt/R^2 = 0,005$ die Menge c_t' in den Faden ein, die zahlenmäßig gleich der Fläche ist, die rechts von der Zeitkurve $Dt/R^2 = 0,005$ s liegt. Analog kann man die Menge des eingedrungenen Stoffes für einen beliebigen anderen Wert Dt/R^2 bestimmen. Man kann sich leicht davon überzeugen, daß diese Stoffmenge seiner mittleren Konzentration im gegebenen Fadenquerschnitt entspricht. Somit kann man, wenn man die Flächen für jeden Wert Dt/R^2 gemessen hat, die rechts von den entsprechenden Kurven liegen, und diese Flächen auf die Fläche des gesamten Diagramms bezieht, c_t'/c_0 in Abhängigkeit von Dt/R^2 auftragen, wobei c_t' die mittlere Stoffkonzentration in dem der Zeit t entsprechenden Fadenquerschnitt ist.

Die genannte Beziehung ist für den Fall einer Diffusion aus einem Zylinder in Bild 4 graphisch dargestellt. Wir werden diese Beziehung zur Berechnung des Diffusionskoeffizienten des aus dem Faden ins Fällbad diffundierenden DMF benutzen. Als Beispiel soll die Berechnung für eine im Abstand von 2,5 cm entnommene Probe durchgeführt werden. Aus der ermittelten Zusammensetzung des Fadens berechnen wir die Zusammensetzung des DMF/H_2O-Gemisches im Faden und finden, daß der Gehalt an den genannten Komponenten im Gemisch 88,3 bzw. 11,7% beträgt.

Indem wir berücksichtigen, daß die in Bild 2 dargestellte graphische Lösung darauf basiert, daß man von der Konzentration null ausgeht und daß im Fällbad 40% DMF enthalten sind, werden wir die Gleichgewichtskonzentration ausdrücken durch

$$c_0 = 100 - 40.$$

In analoger Weise werden wir die mittlere Konzentration für den Fadenquerschnitt im Abstand von 2,5 cm ausdrücken durch

$$c_t' = 88,3 - 40.$$

Somit ist die Variable auf der vertikalen Achse des Diagramms (Bild 4)

$$c_t'/c_0 = 0{,}805.$$

Im Diagramm finden wir, daß diesem Wert $Dt/R^2 = 0{,}025$ entspricht. Im erhaltenen Ausdruck sind t und R bekannt, nämlich 1,5 s und 0,0021 cm. Für den Diffusionskoeffizienten ergibt sich also:

$$D = \frac{0{,}025\,R^2}{t} = \frac{0{,}025 \cdot 0{,}0021^2}{1{,}5} = 0{,}73 \cdot 10^{-5}\,\text{cm} \cdot \text{s}^{-1}.$$

Es wurde bereits erwähnt, daß der Polymerengehalt während der gesamten untersuchten Zeitspanne der Fadenbildung unverändert bleibt, was für eine gleiche Diffusionsgeschwindigkeit von DMF und H_2O spricht. Hiervon kann man sich überzeugen, indem man den Diffusionskoeffizienten des Wassers für den Abstand 2,5 cm berechnet. Das Verhältnis der mittleren zur Gleichgewichtskonzentration des Wassers in diesem Punkt ist

$$\frac{c_t'}{c_0} = \frac{11{,}7}{60} = 0{,}195.$$

Der Wert von Dt/R^2 im Diagramm, das dem in Bild 4 dargestellten analog ist, aber für den Fall einer Diffusion in den Zylinder gilt, ist ebenfalls gleich 0,025. Und folglich ist der Diffusionskoeffizient für Wasser

$$D_{H_2O} = \frac{0{,}025\,R^2}{t} = 0{,}73 \cdot 10^{-5}\,\text{cm}^2 \cdot \text{s}^{-1}.$$

Somit beziehen sich die für die anderen Punkte berechneten und in der letzten Spalte der Tabelle 2 aufgeführten Diffusionskoeffizienten in gleichem Maße sowohl auf die Diffusion von DMF als auch auf die von H_2O.

Vergleicht man die erhaltenen Werte von D mit den nach der Indikator-Methode gewonnenen Daten, so erkennt man, daß nur für kleine Abstände von der Düse eine zufriedenstellende Übereinstimmung besteht. Der Mittelwert der nach der Indikator-Methode erhaltenen Diffusionskoeffizienten ist gleich $0{,}78 \cdot 10^{-5}\,\text{cm}^2 \cdot \text{s}^{-1}$, während die gravimetrische Methode einen nahezu gleichen Wert nur für den Abstand 2,5 cm ergibt ($0{,}73 \cdot 10^{-5}\,\text{cm}^3 \cdot \text{s}^{-1}$). Im weiteren nimmt der Diffusionskoeffizient stetig ab bis zu einem Mittelwert von $0{,}41 \cdot 10^{-5}\,\text{cm}^2 \cdot \text{s}^{-1}$. Diese Abnahme kann man durch zwei Faktoren erklären:

1. Bei einem Abstand $> 2{,}5$ cm erfolgt die Koagulation des Polymeren, und die gebildete Struktur erschwert die Diffusion.
2. An der Grenze Fällbad/Faden wird die Grenzbedingung $c_0 = \text{const.}$ gestört, die eine notwendige Voraussetzung für die Anwendung der hier betrachteten graphischen Lösung der Diffusionsgleichung ist.

In geringerem Grade sind diese beiden Faktoren für die Indikator-Methode von Bedeutung, da in diesem Falle die Diffusion hauptsächlich noch im nichtkoagulierten Faden erfolgt. Deshalb wählten wir für die Berechnung der Konzentrationsverteilung im sich bildenden Faden den Mittelwert mehrerer Messungen nach der Indikatormethode; er ist $0{,}78 \cdot 10^{-5}\,\text{cm}^2 \cdot \text{s}^{-1}$.

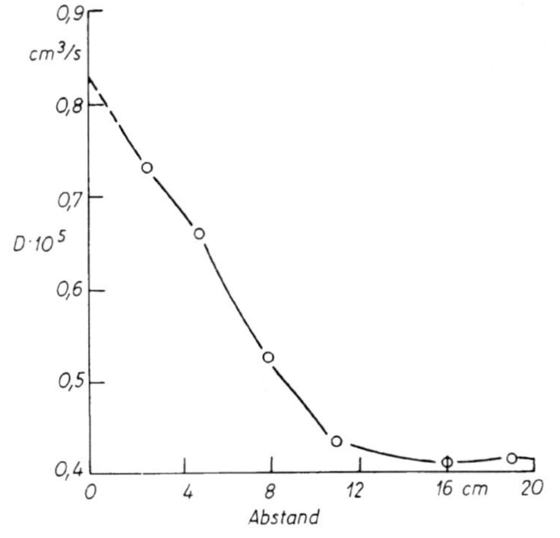

Bild 5. Abhängigkeit der Diffusionskoeffizienten für DMF vom Düsenabstand

Trägt man im Falle der gravimetrischen Methode D gegen den Abstand von der Düse auf (s. Bild 5) und extrapoliert auf den Abstand null, so erhält man einen Diffusionskoeffizienten, der dem genannten Mittelwert sehr nahe kommt:

$$D = 0{,}85 \cdot 10^{-5}\,\text{cm}^2 \cdot \text{s}^{-1}.$$

In Bild 6 ist die Verteilung der H_2O- und DMF-Konzentration dargestellt, die unter Zugrundelegung der erhaltenen Daten für das Erspinnen von Polyacrylnitrilfäden unter folgenden Bedingungen berechnet wurde:

Zusammensetzung der Spinnlösung:	20% PVY
	80% DMF,
Zusammensetzung des Fällbades:	40% DMF
	60% H_2O,
Durchmesser der Düsenbohrung:	0,08 mm,
Ausspritzgeschwindigkeit:	10 m/min,
Abzugsgeschwindigkeit:	4 m/min.

Wie aus Bild 6 ersichtlich ist, dringen unter den genannten Bedingungen, die den in der Industrie angewandten nahe kommen, bereits nach 0,18 s in einem Abstand von 1,2 cm von der Düse die ersten Teile des Fällmittels (0,5% H_2O) bis zum Fadenzentrum ein. Nach 0,48 s liegt im Abstand von 3,2 cm in der Fadenmitte ein Konzentrationsverhältnis von 90% DMF zu 10% H_2O vor, in dem das Polymere nicht löslich ist. Die Ausfällung des Polymeren findet anscheinend nach Verlauf einer gewissen Zeit statt, die für das Entstehen von Zentren der Strukturbildung und das Wachstum der Polymerphase um sie herum erforderlich ist.

Die vollständige Beendigung der Diffusion, d. h. das Erreichen einer H_2O-Konzentration nahe der im Fällbad, wird durch das Verhältnis

$$\frac{Dt}{R^2} = 1$$

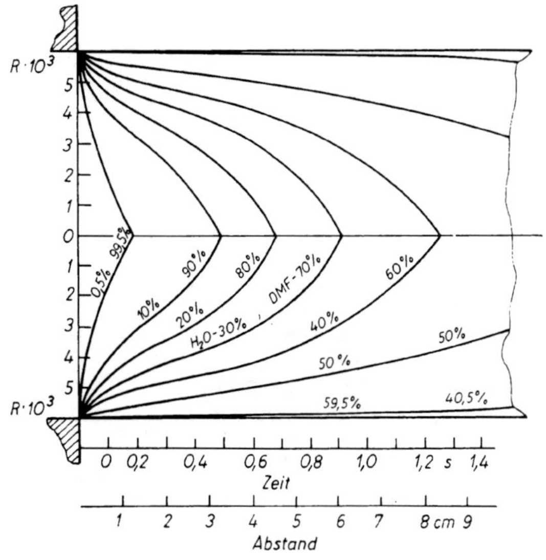

Bild 6. Konzentrationsverteilung für H_2O und DMF im Faden bei einer Spinngeschwindigkeit von 4 m/min

bestimmt, wie aus dem in Bild 2 wiedergegebenen Diagramm hervorgeht. Da die Diffusion im gegebenen Fall hauptsächlich im bereits koagulierten Faden verläuft, ist es notwendig, einen Diffusionskoeffizienten gleich $0{,}34 \cdot 10^{-5}\,\mathrm{cm}^2 \cdot \mathrm{s}^{-1}$ anzunehmen. Die Zeit für die vollständige Beendigung der Diffusion ist:

$$t = \frac{0{,}006^2}{0{,}43 \cdot 10^{-5}} = 8{,}4\,\mathrm{s}.$$

Dies entspricht einem Weg des Fadens im Fällbad von 56 cm.

Somit gestattet die Anwendung einer graphischen Lösung der Diffusionsgleichung relativ einfach, den Diffusionskoeffizienten aus dem Abstand des Farbumschlagpunktes des Indikators oder der mittleren Konzentration der Komponenten im Faden zu bestimmen und auch die Konzentrationsverteilung von Fällbad und Lösungsmittel im Faden zu berechnen.

Literatur

[1] *Gröbe, V., Sandner, H.*, und *Reichert, H.*: Untersuchungen über den Fadenbildungsmechanismus beim Naßspinnen von Polyacrylnitril. Faserforsch. u. Textiltechnik **14** (1963) 3, S. 91—96.

[2] *Gröbe, V.*, und *Heyer, H.-J.*: Untersuchungen zur Diffusion beim Naßspinnen von Polyacrylnitrilfasern. 1. Mitt.: Grundlagen der Diffusionsmessungen. 2. Mitt.: Experimentelle Prüfung der Randbedingungen. Faserforsch. u. Textiltechnik **18** (1967) 12, S. 577—584; **19** (1968) 1, S. 33—36.

[3] *Takeda, H.*: Untersuchungen über Acrylfasern. — Beziehung zwischen der Diffusion des Lösungsmittels im Faden während des Spinnens und den Eigenschaften der erhaltenen Fasern. Kogyo Kagaku Zasshi (J. chem. Soc., Japan) **66** (1963) 5, S. 721—725.

[4] *Geller, B. É.*, und *Zakirov, É.*: Untersuchung des Bildungsmechanismus von synthetischen Faserstoffen. Chim. Volokna (Chem. Fasern) **5** (1963) 3, S. 11—14.

[5] *Remy, H.*: Lehrbuch der anorganischen Chemie, Bd. 2, Leipzig: Akademische Verlagsgesellschaft 1961.

[6] *Gröber, H., Erk, S.*, und *Grigull, U.*: Die Grundgesetze der Wärmeübertragung. Berlin/Göttingen/Heidelberg: Springer 1955.

[7] *Serkov, A. T.*, und *Pokrovskij, V. N.*: Über die Ursachen für die strukturelle Uneinheitlichkeit von Viskosefäden. Chim. Volokna (Chem. Fasern) **7** (1965) 5, S. 32—35.

Eingegangen am 1. November 1968

Faserforschung und Textiltechnik 20 (1969) Heft 3

Zur Copolymerisation von Acrylnitril mit N-Allyl- und N-Methallyl-N-methylaminoäthansulfonaten

Volker Gröbe und Hans Reichert

Deutsche Akademie der Wissenschaften zu Berlin, Institut für Faserstoff-Forschung in Teltow-Seehof

DK 547.339.211:[678—9.02:66.095.26]:661. 185.223.5:541.124

Die Natriumsalze des Allyl- und Methallylmethyltaurins wurden mit Acrylnitril in Dimethylsulfoxid und Dimethylformamid copolymerisiert. Dabei wurden die Copolymerisationsgeschwindigkeiten und -parameter bestimmt und mit den Werten verglichen, die bei der Copolymerisation von Acrylnitril und Allyl- bzw. Methallylsulfonaten resultieren.

К сополимеризации акрилонитрила с N-аллил- и N-металлил-N-метиламиноэтансульфонатами

Проведена сополимеризация акрилонитрила с натриевыми солями аллил- и металлилметилтаурина в диметилсульфоксиде и диметилформамиде. При этом определены параметры и скорости реакции сополимеризации. Полученные данные сравнены с таковыми, получаемыми при сополимеризации акрилонитрила с аллил- и металлилсульфонатами.

Copolymerisation of Acrylonitrile with N-Allyl and N-Methallyl-N-methyl Aminoethanesulfonates

The sodium salts of allyl and methallyl methyltaurine were copolymerised with acrylonitrile in dimethyl formamide. The rates of copolymerisation and copolymerisation parameters were determined and compared with values obtained in the copolymerisation of acrylonitrile with allyl and methallyl sulfonates.

1. Einleitung

Bei der Herstellung von Acrylfasern für textile Zwecke spielt die Copolymerisation mit farbstoffaffinen Komponenten eine große Rolle. So werden basische Gruppen — vorwiegend durch N-haltige heterocyclische Verbindungen — oder saure Gruppen — bevorzugt als Sulfonate — in die Polymerkette eingebaut. Durch Mischung derartiger Copolymerer erhält man sowohl anionisch als auch kationisch anfärbbare Fasern.

In neuerer Zeit sind nun auch Synthesen für copolymerisierende Komponenten entwickelt worden, die gleichzeitig basische *und* saure Gruppen enthalten. Es handelt sich hauptsächlich um heterocyclische Vinylderivate [1, 2] und Acryl- bzw. Methacrylester oder -amide mit quaternärem Stickstoff und endständiger Sulfogruppe (Betaine) [3, 4].

Wir haben zu diesem Problem ebenfalls Versuche unternommen und in Fortsetzung unserer Arbeiten über Allylsulfonate [5, 6, 7] solche Allylverbindungen geprüft, die neben der Sulfonatgruppe eine Amingruppe enthalten. Als Ausgangsstoff wählten wir das Natriumsalz des Methyltaurins, das bereits großtechnisch für die Waschmittelindustrie hergestellt wird (VEB Leuna-Werke). Durch Umsetzung mit Allyl- bzw. Methallylchlorid erhielten wir die gewünschten Produkte.

Unsere Untersuchungen waren auf das Verhalten dieser Verbindungen bei der Copolymerisation mit Acrylnitril in den Lösungsmitteln Dimethylsulfoxid und Dimethylformamid gerichtet. Dabei sollte gleichzeitig eine Gegenüberstellung zu den Allyl- und Methallylsulfonaten erfolgen.

Uns interessierte besonders der Einfluß auf die Polymerisationsgeschwindigkeit und den Polymerisationsgrad im Bereich geringer Anteile der Cokomponenten, wie sie für die Faserherstellung angewendet werden. Es war zu erwarten, daß der tertiäre Stickstoff in den zu untersuchenden Verbindungen einen kettenübertragenden Effekt auslöst. Nach *J. Ulbricht* und *B. Sandner* [8] liegen bei der Lösungspolymerisation von Acrylnitril in Dimethylformamid die Übertragungskonstanten von zugesetztem Methyl-, Dimethyl- und Trimethylamin zwei Größenordnungen höher als diejenige von Dimethylformamid; außerdem wird die Polymerisationsgeschwindigkeit verringert. Zu ähnlichen Ergebnissen gelangten *M. Matsuda* u. Mitarb. [9], als sie bei der Polymerisation von Acrylnitril in Benzol Anilin und dessen Derivate zusetzten. Bei Allylverbindungen, die allgemein zu degradativer Kettenübertragung neigen, wird dieser Effekt durch Aminsubstituenten erhöht. *Y. Tsuda* [10] wies den Sachverhalt durch Vergleich von Allylamin, Allylacetat und Allylalkohol bei der Copolymerisation mit Acrylnitril in Dimethylformamid nach.

2. Experimentelles

2.1. Monomere, Lösungsmittel und Initiator

Die neuen Comonomeren stellten wir in Anlehnung an die von *E. Profft* [11] beschriebene Arbeitsweise bei der Umsetzung von Methallylchlorid mit Morpholin dar.

Zu einer 30%igen wäßrigen Lösung von 1 mol Methyltaurin-Na werden bei Zimmertemperatur unter Rühren 1,25 mol festes KOH zugegeben. Nach Auflösung werden 1,25 mol Allyl- bzw. Methallylchlorid innerhalb 30 min zugetropft. Anschließend wird das Reaktionsgemisch noch 6 h bei 80 bis 90 °C unter Rückfluß gerührt. Nach Abkühlung fällt man einen Teil des gebildeten KCl mit Methanol, filtriert ab und saugt das Filtrat im Vakuum bis zur Trockene bzw. beginnenden Auskristallisation ein. Im ersteren Falle wird der Rückstand mit Methanol bei 50 °C extrahiert und die Lösung wiederum bis zur Trockene eingedampft. Diese Methode ist vor allem bei der Herstellung von Allylmethyltaurin-Na (AMT) anzuwenden. Das bereits bei der ersten Einengung auskristallisierende Methallylmethyltaurin-Na (MAMT) wird abfiltriert. Das Filtrat engt man bis zu weiterer Auskristallisation ein. Nach einmaliger Umkristallisation aus Alkohol werden Ausbeuten von ca. 50% AMT und ca. 70% MAMT erhalten. Die Produkte liegen als weißglänzende, schuppenförmige Kristalle vor:

$$CH_2{=}\underset{\displaystyle R}{\underset{|}{C}}{-}CH_2{-}\underset{\displaystyle CH_3}{\underset{|}{N}}{-}CH_2{-}CH_2{-}SO_3Na$$

($R{=}H$: N-allyl-; $R{=}CH_3$: N-methallyl- } -N-methylaminoäthansulfonsaures Natrium).

Die Analysenwerte zeigt Tabelle 1. Cl konnte nicht nachgewiesen werden.

Zur Gegenüberstellung wurden bei der Copolymerisation mit Acrylnitril folgende Comonomere eingesetzt: Natrium-

Tabelle 1. Analysenwerte nach dreimaliger Umkristallisation

		N [%][1]	S [%][2]	Na [%]	JZ[3]
AMT	gefunden	6,44	14,28	10,55	136
	berechnet	6,97	15,94	11,45	126
MAMT	gefunden	6,16	13,73	10,41	115
	berechnet	6,51	14,90	10,68	118

[1]) nach *Kjeldahl* [2]) nach *Wurzschmitt*
[3]) Bromaddition nach *Critchfield*

Tabelle 2. Analysenwerte nach dreimaliger Umkristallisation aus Äthanol, bei AMAS aus n-Propanol

		S %	Na %	N %	JZ
NaAS	gefunden	20,85	15,43		165,4
	berechnet	22,24	15,95		176,4
NaMAS	gefunden	19,61	14,51		175,0
	berechnet	20,27	14,54		160,5
AMAS	gefunden	20,60		9,66	187,0
	berechnet	20,93		10,06	165,7

allylsulfonat (NaAS), Natriummethallylsulfonat (NaMAS), Ammoniummethallylsulfonat (AMAS) (Tabelle 2).

Folgende Löslichkeiten in Dimethylformamid (DMF) und Dimethylsulfoxid (DMSO) wurden ermittelt (g Subst./100 ml Lsm. bei 23 °C):

	DMF	DMSO		DMF	DMSO
AMT	10	38	NaAS	3,5	23
MAMT	8	29	NaMAS	1	9
			AMAS	15	28

Das verwendete Acrylnitril (ACN) war nach dem *Sohio*-Verfahren hergestellt. Es wurde über eine 1 m-Füllkörperkolonne bei hohem Rücklauf destilliert: Kp.: 77,5 °C, D_{20} 0,805, n_D^{20} 1,3923. Als Copolymerisationsmedium verwendeten wir Dimethylsulfoxid (DMSO) und Dimethylformamid (DMF). Ersteres lag rein vor und wurde keiner weiteren Behandlung unterzogen (D_{20} 1,101, n_D^{20} 1,4788). Letzteres stammte aus der Produktion des VEB Leuna-Werke; es wurde mit $CaSO_4$ getrocknet und anschließend über eine 1-m-Füllkörperkolonne im Vakuum fraktioniert (Kp_{15} 51 °C, D_{20} 0,946, n_D^{20} 1,4310). Als Polymerisationsinitiator verwendeten wir Azodiisobutyronitril (AIBN) vom VEB Stickstoffwerk Piesteritz. Das Produkt wurde zweimal aus Methanol bei 40 °C umkristallisiert.

2.2. *Versuchsmethodik*

Für die Bestimmung der Polymerisationsgeschwindigkeit benutzten wir ein Dilatometer mit ca. 50 ml Fassungsvermögen. Die Lösungen wurden in Ampullen vorbereitet (dreimaliges Tiefkühlen und Evakuieren, Entgasen bei Zimmertemperatur) und unter Stickstoff in das Dilatometer gefüllt. Die Messung erfolgte bei 50 °C ± 0,015 grd und konstantem Stickstoffdruck (gesteuert mittels Druckregler und gemessen an einer Hg-Säule). Nach Abbrechen des Polymerisationsvorganges durch Tiefkühlung auf ca. −60 °C wurde in Alkohol mit Zusatz von etwa 3 Tropfen konzentrierter Salzsäure gefällt und der Umsatz zu Polymerem gravimetrisch bestimmt. Aus dem prozentualen Umsatz (ca. 3 bis 6%) berechneten wir dann die Bruttogeschwindigkeit (v_{Br}).

Da die nach dieser Verfahrensweise erhaltenen Probemengen oft nicht für die chemisch-analytische Bestimmung der Copolymer-Zusammensetzung ausreichten, führten wir zusätzliche Copolymerisationen unter analogen Bedingungen direkt in Ampullen (90-g-Ansätze) bis zu einem Umsatz von etwa 6 bis 10% durch. In gleicher Weise verfuhren wir bei Langzeitpolymerisationen. Die Vorbehandlung der Reaktionslösungen und die Ausfällung der Copolymeren erfolgten wie bei den Versuchen im Dilatometer. Nur bei den Langzeitpolymerisationen fällten wir in 5%iger wäßriger Salzsäure und bei den Copolymerisationen mit AMAS in n-Propanol. Die Reinigung der für die Analyse bestimmten Proben wurde bereits früher beschrieben [7]. Die Zusammensetzung der Copolymeren berechneten wir auf Grund von Stickstoffanalysen nach *Kjeldahl* [12] und Schwefelbestimmungen nach *Schöniger* [13]. Die spezifische Viskosität (η_{sp}) wurde an 0,1%igen Lösungen der Polymeren in DMF mit dem *Ubbelohde*-Viskosimeter Nr. 0a bei 25 °C gemessen.

3. *Ergebnisse und Diskussion*

3.1. *Einflüsse geringer Anteile der Comonomeren auf v_{Br} und η_{sp}*

Aus den Tabellen 3 und 4 geht der unterschiedliche Einfluß geringer Zusätze (bis 1 mol%) von NaAS, NaMAS, AMT und MAMT bei der Lösungspolymerisation von ACN in DMF und DMSO auf die Bruttopolymerisationsgeschwindigkeit (v_{Br}) bzw. die spezifische Viskosität (η_{sp}) der Copolymerisate hervor.

Tabelle 3. Bruttogeschwindigkeit (v_{Br}) der Copolymerisation von Acrylnitril mit geringem Zusatz von Allylkomponenten in DMSO (I) und DMF (II)
3,9 mol/l Gesamtmonomeres, 1,25 · 10^{-2} mol/l AIBN, 50 °C

Allylkomp. [mol %]	$v_{Br} \cdot 10^4$ NaAS	NaMAS	AMT	MAMT
(I) 0	1,44	1,44	1,44	1,44
0,10	1,44	1,30		
0,25	1,49	1,15	1,11	1,23
0,50	1,53	1,11	1,10	1,19
0,75	1,45	1,07	1,05	1,03
1,00	1,52	1,08	1,00	
(II) 0	0,80	0,80	0,80	0,80
0,25			0,77	0,75
0,50	0,79	0,69	0,70	0,74
0,75			0,73	0,73
1,00	0,77	0,66	0,65	0,72

Tabelle 4. Spezifische Viskosität (η_{sp}) 0,1%iger DMF-Lösungen von Copolymeren aus Acrylnitril mit geringen Zusätzen von Allylverbindungen (vgl. Tabelle 3)

Allylkomp. [mol %]	η_{sp} NaAS	NaMAS	AMT	MAMT
(I) 0	0,435	0,435	0,435	0,435
0,10	0,461	0,234		
0,25	0,473	0,157	0,257	0,346
0,50	0,522	0,145	0,200	0,293
0,75	0,502	0,141	0,161	0,264
1,00	0,551	0,103	0,140	
(II) 0	0,150	0,150	0,150	0,150
0,25				0,116
0,50	0,175	0,062	0,096	0,109
0,75			0,083	0,105
1,00	0,196	0,058	0,074	0,099

Tabelle 5. Zusammensetzung der Copolymeren aus Acrylnitril und 1 mol% der Allylkomponenten. Polymerisationsmedium DMSO, 3,9 mol/l Gesamtmonomeres, 1,25 · 10⁻² mol/l AIBN, 50°C

Komponente	Umsatz [%]	N [%]	S [%]	Mol [%]
NaMAS	5,4	21,70	2,08	3,9
NaAS	6,4	24,91	0,57	1,1
MAMT	6,3	25,26	0,37	0,7
AMT	4,3	25,80	0,13	0,3

In beiden Lösungsmitteln bewirkt NaAS unwesentliche Veränderungen von v_{Br} und eine Erhöhung von η_{sp}. Dagegen verursachen die übrigen Komponenten eine deutliche Verminderung der Polymerisationsgeschwindigkeit und eine wesentliche Abnahme von η_{sp} in der Reihenfolge MAMT < AMT < NaMAS. Diese drei Verbindungen sind also wirksame Kettenüberträger, während bei NaAS in dem Untersuchungsbereich nicht auf eine Übertragungsreaktion geschlossen werden kann.

Für die Bestimmung der Übertragungskonstanten benötigt man die rel. Molekülmassen bzw. Polymerisationsgrade. Deren Berechnung aus den η_{sp}-Werten unter Zuhilfenahme der Konstanten für ACN-Homopolymerisate birgt bei den Copolymeren einen Fehler in sich, der jedoch als unwesentlich betrachtet werden kann, wenn nur sehr geringe Mengenanteile der Cokomponente im Copolymeren vorhanden sind. Wie aus Tabelle 5 hervorgeht, trifft das für MAMT und AMT zu; wir haben deshalb die Übertragungskonstanten nur für diese Komponenten bestimmt. Aus η_{sp} berechneten wir nach der Formel von *Schulz/Blaschke* [14] mit $K_\eta = 0{,}28$ [15] die Grenzviskosität $[\eta]$ und daraus nach der Beziehung von *Onyon* [16]

$$[\eta] = 3{,}92 \cdot 10^{-4} \cdot M_n^{0{,}75}$$

die rel. Molekülmasse bzw. den Polymerisationsgrad. Durch graphische Auftragung von $1/P$ gegen $[M_2]/[M_1]$ — wobei $[M_2]$ die Konzentration von AMT bzw. MAMT und $[M_1]$ diejenige von ACN bedeuten — erhält man Geraden, deren Neigung die Übertragungskonstanten (C_{M2}) wiedergeben (Bild 1).

Folgende Werte wurden gefunden:

	$C_{M2} \cdot 10^2$ DMSO	DMF
AMT	7,7	9,5
MAMT	2,5	4,4

Diese nach der *Mayo*-Beziehung ermittelten Konstanten stellen nur scheinbare Werte dar, da die Komponenten nicht allein den Polymerisationsgrad, sondern auch v_{Br} herabsetzen. Das bedeutet aber, daß außer dem durch die Übertragungsreaktion stattfindenden Kettenabbruch auch degradative Reaktionen hervorgerufen werden. Im Extremfall kann die scheinbare Konstante den doppelten Wert der wirklichen erreichen [15].

Selbst bei Berücksichtigung dieser Verhältnisse liegen die für MAMT und AMT bestimmten Werte gegenüber den Übertragungskonstanten der Lösungsmittel DMSO:

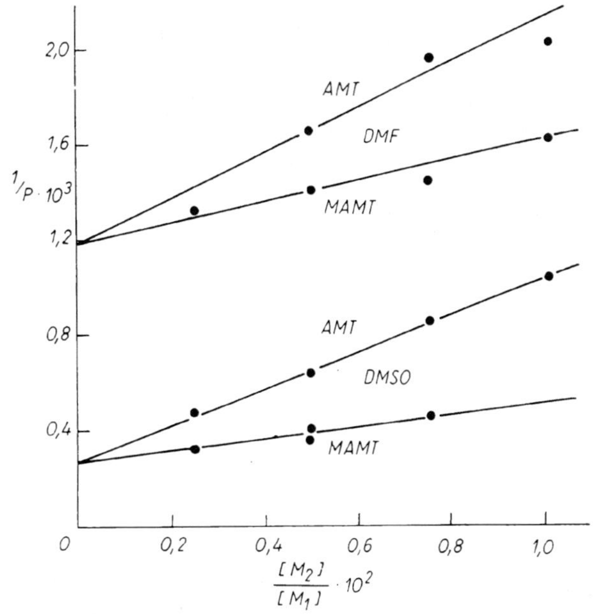

Bild 1. Abhängigkeit des Polymerisationsgrades von der Konzentration der Aminkomponente
M_1 = ACN, M_2 = AMT, MAMT

$7{,}9 \cdot 10^{-5}$; DMF: $28{,}3 \cdot 10^{-5}$ [17] zwei bis drei Größenordnungen höher. Sie sind vergleichbar mit dem von *Ulbricht* und *B. Sandner* [8] für Mono-, Di- und Trimethylamin in DMF gefundenen Wert von $1{,}75 \cdot 10^{-2}$ sowie den von *M. Matsuda* u. Mitarb. [9] für Dimethylanilin mit $7{,}08 \cdot 10^{-2}$ und Diäthylanilin mit $3{,}59 \cdot 10^{-2}$ bestimmten Werten. Letztere wurden allerdings im heterogenen System (Benzol) gefunden.

Bemerkenswert ist bei unseren Untersuchungen, daß in beiden Lösungsmitteln die Übertragungskonstante des MAMT niedriger liegt als die des AMT. Daraus kann zunächst geschlossen werden, daß MAMT bei der Copolymerisation mit ACN reaktiver als AMT ist und folglich geringere Neigung zur Abbruchreaktion zeigt. Weiterhin ist zu folgern, daß das bei der Übertragungsreaktion aus MAMT gebildete Radikal in stärkerem Maße zur Ausbildung einer neuen Polymerkette befähigt ist als das entsprechende AMT-Radikal. Das heißt, MAMT bewirkt einen höheren Anteil effektiver und geringeren Anteil degradativer Kettenübertragung als AMT. Hierfür ist die α-Methylgruppe im MAMT verantwortlich [18].

Die Einbeziehung von NaMAS in den Betrachtungskreis bereitet insofern Schwierigkeiten, als infolge relativ hohen Anteils der Komponente im Copolymeren (Tabelle 5) eine Berechnung des Polymerisationsgrades aus den η_{sp}-Werten nicht mehr gegeben schien. Diese Werte täuschen wahrscheinlich eine zu starke Abnahme der rel. Molekülmasse vor (Tabelle 4).

Andererseits kann aber AMT mit NaAS verglichen werden, wobei deutlich der kettenübertragende Einfluß der Amingruppe im AMT hervortritt.

3.2. Einflüsse der Umsatzzunahme bei der Copolymerisation

Um die Reaktivitäten der ausgewählten Comonomeren und deren Einfluß auf die η_{sp}-Werte bei der Copolymerisation mit ACN auch unter mehr praktischen

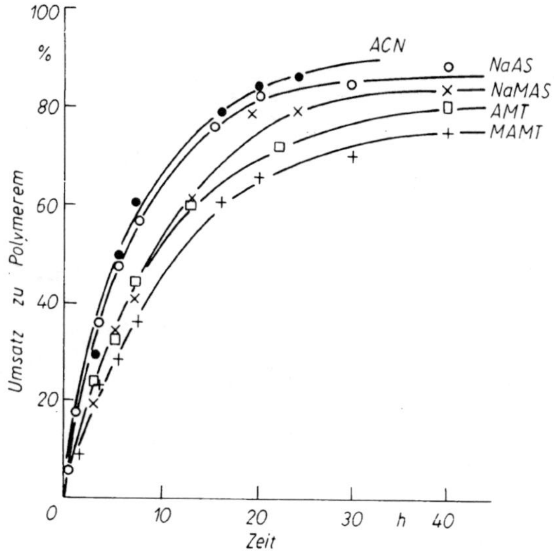

Bild 2. Zeit-Umsatz-Beziehung bei der Copolymerisation von Acrylnitril mit 2,56 mol-% verschiedener Allylverbindungen in DMSO

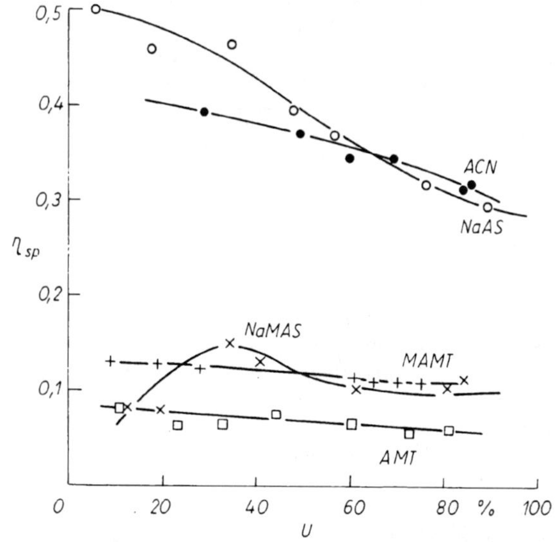

Bild 3. Abhängigkeit der spez. Viskosität vom Umsatz bei der Copolymerisation (siehe Bild 2)

Aspekten kennenzulernen, haben wir eine Monomerenmischung aus 97,44 mol% ACN und 2,56 mol% des jeweiligen Comonomeren, die zu 20 Gew.-% in DMSO gelöst war, unter Zusatz von 0,3 Gew.-% AIBN bei 50°C bis zu hohem Umsatz polymerisiert. Dabei bestätigte sich der Sachverhalt, der bereits aus den in Tabelle 3 aufgeführten φ_{Br}-Werten hervorging: Es besteht kaum ein Unterschied zwischen der Polymerisationsgeschwindigkeit von ACN und der einer Mischung von ACN/NaAS (Bild 2). Die übrigen Komponenten verursachten dagegen von Anfang an eine Verzögerung, die sich mit der Zeit stärker differenzierte, so daß schließlich bei hohem Umsatz eine Reihenfolge zu verzeichnen war: NaAS < NaMAS < AMT < MAMT.

Auch die η_{sp}-Werte stehen prinzipiell im Einklang mit den bereits aus der Tabelle 4 ersichtlichen Ergebnissen:

Die Werte des NaAS-Copolymeren liegen bei niedrigem Umsatz höher als diejenigen eines ACN-Homopolymerisates; wie sich nun zeigt, nähern sie sich diesen mit zunehmendem Umsatz (Bild 3). Wesentlich niedriger sind wiederum die η_{sp}-Werte der Copolymeren mit den drei übrigen Komponenten. Dabei bleibt der bei Kurzzeitpolymerisationen gefundene Unterschied zwischen den AMT- und MAMT-Copolymeren erhalten. NaMAS ruft nur bei geringem Umsatz die niedrigsten η_{sp}-Werte hervor. Sie gleichen sich mit fortschreitender Polymerisation denen der MAMT-Copolymeren an.

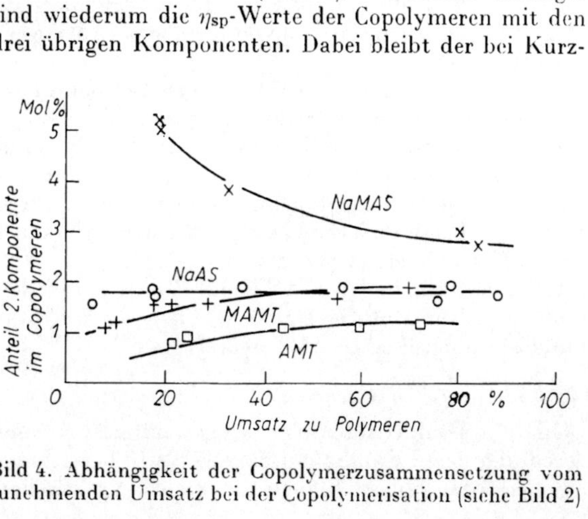

Bild 4. Abhängigkeit der Copolymerzusammensetzung vom zunehmenden Umsatz bei der Copolymerisation (siehe Bild 2)

Diesen letzten Befund kann man erklären, wenn man die Copolymerzusammensetzung während der Polymerisation, d. h. in Abhängigkeit vom Umsatz, verfolgt (Bild 4): Die NaMAS-Copolymeren enthalten nach kurzer Polymerisationszeit relativ große Anteile des Comonomeren — was übrigens mit den Ergebnissen der Tabelle 5 übereinstimmt — und dieser hohe Prozentsatz einer hydrophilen Cokomponente führt offensichtlich zu einer Erniedrigung der spezifischen Viskosität.

Aus Bild 4 lassen sich außerdem Rückschlüsse auf die Reaktivität der Comonomeren ziehen: absteigender Kurvenverlauf deutet auf große Reaktivität (NaMAS), Ansteigen auf geringe Reaktivität (MAMT und AMT), horizontaler Verlauf (NaAS) auf azeotrope Verhältnisse bei der Copolymerisation hin.

3.3. Copolymerisations-Parameter

Bei den Versuchen zur Bestimmung der *r*-Werte verwendeten wir an Stelle von NaMAS wegen der besseren Löslichkeit AMAS. Das war zulässig, da wir in einer früheren Arbeit [7] gefunden hatten, daß die Art des Sulfonatkations (Na^+ oder NH_4^+) keinen Einfluß auf die Reaktivitäten bei der Copolymerisation mit ACN ausübt.

In Tabelle 6 sind die Copolymerzusammensetzungen, die sich bei Einsatz verschiedener Monomerverhältnisse ergaben, angeführt. Wir haben die Versuche mit AMAS und MAMT sowohl in DMSO als auch in DMF vorgenommen. In DMF mußten wir jedoch infolge der geringen Löslichkeit der Sulfonate die Meßreihe schon bei relativ niedrigen Comonomer-Konzentrationen (20 mol%) abbrechen, so daß für die Bestimmung der *r*-Werte nur die Versuche in DMSO herangezogen werden

Tabelle 6. Copolymerisation von Acrylnitril (M_1) mit Ammoniummethallylsulfonat (AMAS), Methallylmethyltaurin-Na (MAMT) und Natriumallylsulfonat (NaAS)

20 Gew.-% Gesamtmonomeres u. 0,3 Gew.-% AIBN in DMSO bzw. DMF, 50 °C

M_2 Medium	mol [%] im Monomeren	Umsatz [%]	N [%]	S [%]	mol [%] im Copolymeren
AMAS DMSO	0	8,5	26,11	0,08	0
	3,6	7,0	21,68	4,59	9,4
	10,1	5,4	19,71	5,86	13,6
	18,4	4,2	17,57	7,10	19,5
	33,6	2,0	15,93	8,99	27,7
	50,3	7,6	14,68	10,70	36,1
	75,2	0,9	14,18	13,30	43,8
DMF	0	7,5	26,10	—	0
	3,6	10,0	21,99	4,00	8,2
	7,8	5,6	19,38	6,64	15,7
	12,6	6,1	18,25	7,07	18,3
	18,4	13,7	18,19	8,04	20,4
MAMT DMSO	2,6	7,0	24,24	0,75	1,3
	7,3	6,8	22,57	2,04	4,1
	13,6	5,7	20,56	3,14	7,1
	26,2	4,5	16,72	4,10	12,1
	41,5	8,1	13,81	4,61	18,1
	53,3	3,1	14,40	5,77	19,4
	68,1	4,1	14,29	7,69	25,3
	76,7	1,2	12,82	9,06	32,3
	81,8	{ 2,9	11,38	7,54	34,1
		5,1	11,78	9,43	37,6
DMF	2,6	7,0	23,59	0,80	1,6
	5,5	10,2	22,55	1,82	3,9
	9,1	{ 9,8	21,10	2,96	6,7
		7,0	21,31	2,78	6,2
	13,6	{ 14,6	20,19	3,70	8,7
		6,9	19,81	3,24	7,9
NaAS DMSO	3,86	9,2	22,95	2,19	4,11
	8,27	9,4	22,28	2,48	4,79
	13,39	5,8	20,53	3,49	7,19
	19,39	4,6	18,92	4,86	10,56
	26,52	6,5	17,86	6,38	14,14
	45,71	5,2	12,12	8,42	24,30
	59,07	3,5	9,19	10,14	33,82
	76,46	1,5	6,28	13,95	50,76

konnten. Immerhin ist zu erkennen, daß in DMF bei beiden Komponenten annähernd die gleiche Reaktivität wie in DMSO vorliegt. Die Versuche mit NaAS wurden wegen der noch geringeren DMF-Löslichkeit nur in DMSO durchgeführt.

Nach der bekannten Schnittpunktmethode von *Mayo* und *Lewis* wurden folgende r-Werte gefunden:

ACN $r_1 = 2{,}1 \pm 0{,}1$ ACN $r_1 = 0{,}75 \pm 0{,}1$

NaAS $r_2 = 0{,}15 \pm 0{,}05$ AMAS $r_2 = 0{,}02 \pm 0{,}01$

ACN $r_1 = 3{,}0 \pm 1$

MAMT $r_2 = 0{,}01 \pm 0{,}005$

Die dazugehörigen Copolymerisationskurven sind in Bild 5 dargestellt. Für das System ACN/AMT darf man anhand des Kurvenverlaufs in Bild 4 annehmen, daß der r_1-Wert (ACN) noch höher als bei dem System ACN/MAMT liegt. Das System ACN/NaAS in DMSO wurde auch von *M. Watanabe* u. Mitarb. [19] untersucht. Sie

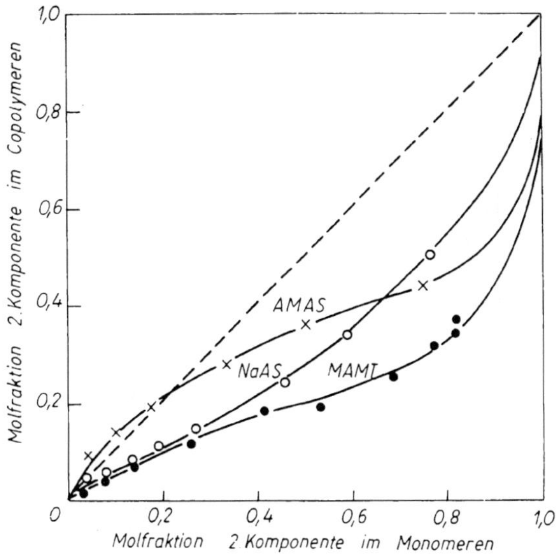

Bild 5. Copolymerisation von Acrylnitril mit Na-Allylsulfonat (NaAS), NH_4-Methallylsulfonat (AMAS) und Methallylmethyltaurin-Na (MAMT) in DMSO

ermittelten folgende Werte: $r_1 = 1{,}00$ (ACN) und $r_2 = 0{,}38$ (NaAS), $e_2 = +0{,}22$ (NaAS), $Q_2 = 0{,}19$ (NaAS). Es ergibt sich somit eine Reihenfolge abnehmender Alternierungstendenz des aktiven ACN-Endgliedes der Polymerkette mit den Comonomeren: A(Na)MAS > NaAS > MAMT > AMT. Diese Ergebnisse bestätigen die aus den Zeit-Umsatzuntersuchungen abgeleiteten Reaktivitäten (Abschnitt 3.2).

Des weiteren deuten die Copolymerisationskurven (Bild 5) auf eine den Allylverbindungen gemeinsame geringe Resonanzstabilität (Q) hin, was sich bei der Berechnung nach der bekannten *Alfrey/Price*-Beziehung dann auch bestätigte: wir erhielten folgende e- und Q-Werte:

	e	Q
NaAS	+0,13	0,079
AMAS	−0,85	0,068
MAMT	−0,67	0,021.

Die Copolymerisation mit ACN ($e = +1{,}2$, $Q = 0{,}60$) ist also auf Grund der wesentlich geringeren bzw. negativen e-Werte zwar begünstigt, durch die geringen Q-Werte dagegen beeinträchtigt.

Als weiteren Copolymerisationsparameter haben wir schließlich für die Kombination ACN/MAMT den Φ-Wert nach *Melville* u. Mitarb. [20] bestimmt. Definitionsgemäß ist

$$\Phi = \frac{k_{a12}}{(k_{a11}\, k_{a22})^{1/2}},$$

wobei k_a = Geschwindigkeitskonstanten der drei Abbruchreaktionen zwischen den beiden Radikalen $M_1 \cdot$ und $M_2 \cdot$.

Dieser Φ-Wert kann berechnet werden, wenn man außer den r-Werten die Copolymerisationsgeschwindigkeit

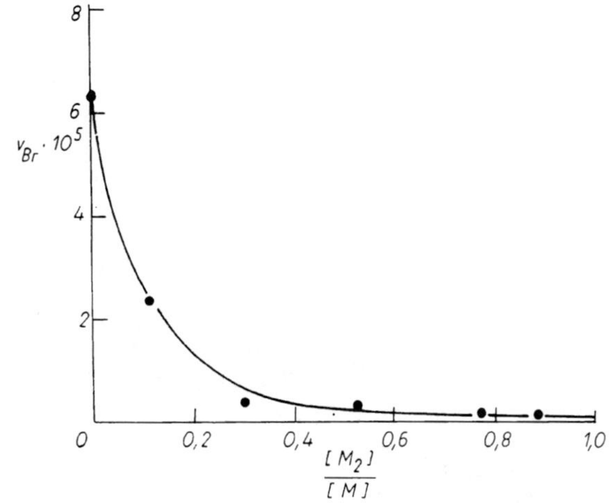

Bild 6. Abhängigkeit der Copolymerisationsgeschwindigkeit (v_{Br}) von der Konzentration des Methallylmethyltaurin-Na im Monomerengemisch in DMSO (1,3 mol/l Mon., 2,5 · 10^{-2} mol/l AIBN, 50 °C)

und die Geschwindigkeit der Homopolymerisation der beiden Monomeren M_1 und M_2 kennt [21].

Die Copolymerisationsgeschwindigkeit v_{Br} des Systems ACN/MAMT ist in Abhängigkeit von der Monomerenzusammensetzung in Bild 6 dargestellt: Charakteristisch ist ein ausgeprägter Abfall der v_{Br}-Werte. Wesentlich abgeschwächter tritt dieser Effekt nach Messungen von *M. Watanabe* u. Mitarb. beim System ACN/NaAS auf [19]. Die unterschiedlich starke Verzögerung der Copolymerisationsgeschwindigkeiten bei Einsatz der verschiedenen Comonomeren geht auch aus der Tabelle 7 hervor.

Bei der rechnerischen Auswertung ergaben sich für das System ACN/MAMT Φ-Werte in der Größenordnung von 10^3, die mit zunehmendem MAMT-Anteil ansteigen. Aus den von *M. Watanabe* u. Mitarb. mitgeteilten v_{Br}-Werten für das System ACN/NaHS berechneten wir hingegen Φ-Werte in der Größenordnung von 10^1. Vergleicht man diese Ergebnisse mit den r-Werten der Copolymerisationssysteme, so zeigt sich, daß das System mit dem größeren Unterschied der r-Werte und somit der geringeren Reaktivität einen höheren Φ-Wert ergibt.

4. *Zusammenfassung*

Durch Umsetzung von Methyltaurin-Na mit Allyl- bzw. Methallylchlorid wurden die Natriumsalze des Allyl- bzw. Methallyl-methyltaurins (AMT bzw. MAMT) synthetisiert. Das Verhalten dieser Verbindungen bei der Copolymerisation mit Acrylnitril in homogener Phase (Dimethylsulfoxid und Dimethylformamid als Lösungsmittel) wurde untersucht.

Wie sich zeigte, bewirken beide Comonomere eine starke Verzögerung der Bruttopolymerisationsgeschwindigkeit und Verringerung des Polymerisationsgrades. Für die Methallylverbindung findet man eine niedrigere Übertragungskonstante als für die Allylverbindung. Nach einem Vergleich der Ergebnisse wird der Schluß gezogen, daß MAMT in geringerem Maße zu degradativer Kettenübertragung führt.

Die Allyltaurinverbindungen wurden dann den Natriumsalzen der Allyl- bzw. Methallylsulfonsäure (NaAS bzw. NaMAS) gegenübergestellt:

Unter den hier gewählten Polymerisationsbedingungen weisen die Taurinderivate eine geringere Reaktivität bei der Copolymerisation mit Acrylnitril als die Sulfonate auf. Es

Tabelle 7. Umsatzgeschwindigkeit bei der Copolymerisation von Acrylnitril (M_1) mit Allylkomponenten (M_2) in DMSO: 20 Gew.-% Gesamtmonomeres, 0,3 Gew.-% AIBN, 50 °C (Umsatz < 10% vom Monomeren)

MAMT		AMAS		NaAS	
[mol %] (M_2)	U/t [%/h]	[mol %] (M_2)	U/t [%/h]	[mol %] (M_2)	U/t [%/h]
7,3	1,7	10,1	1,7	8,3	4,1
13,6	1,2	18,4	1,1	13,4	2,9
26,2	0,7	33,6	0,4	26,5	2,2
41,5	0,3	50,3	0,3	59,1	1,2
81,8	0,07	75,7	0,02	87,3	0,4

ergibt sich folgende Abstufung der Alternierungstendenz: NaMAS > NaAS > MAMT > AMT. Außerdem ist nach langen Polymerisationszeiten der Umsatz bei den Systemen mit AMT und MAMT deutlich kleiner. Hier gilt die Reihenfolge: NaAS > NaMAS > AMT > MAMT. Im Gegensatz zu NaAS stellt AMT einen Kettenüberträger hoher Effektivität dar; ein Vergleich der Methallylverbindungen bereitet Schwierigkeiten, da die NaMAS-Copolymeren relativ sehr viel Sulfonat enthalten und deshalb die Berechnung von $1/P$ auf Grund der η_{sp}-M-Beziehung nicht mehr gerechtfertigt erscheint.

Wir danken Herrn Chemieing. *H.-J. Schauder* für die experimentelle Mitarbeit und Herrn *H. Hoyme* sowie Frl. *Krüger* für die Durchführung des analytischen Teils.

Literatur

[1] Herstellung hochpolymerer quaternärer Ammoniumverbindungen (Polyvinylbetaine). BASF Ludwigshafen. DAS 1009809 vom 10. 11. 54 (Ch. Zbl. 1958, S. 7634).

[2] Herstellung von gut färbbarem Polyacrylnitril. Tôhô Rayon Kabushiki Kaisha, Tôkyô. JaP 8842/1962 vom 22. 7. 60; FrP 1295776 vom 21. 7. 61 (Ch. Zbl. 1965, S. 12763).

[3] Verfahren zur Herstellung von ungesättigten Sulfonsäurebetainen durch Umsetzen eines tertiären Amins mit einem Sulton. Farbenfabrik Bayer AG, Leberkusen. DAS 1211156 vom 14. 6. 63.

[4] Acrylnitrilpolymerisate. Farbenfabrik Bayer AG, Dormagen. DAS 1221019 vom 6. 2. 64 (Ch. Zbl. 1967, Heft 13, S. 329).

[5] *Gröbe, V.*, *Reichert, H.*, und *Makschin, W.*: Zur Copolymerisation von Acrylnitril mit Allylsulfonaten. Faserforsch. u. Textiltechnik **15** (1964) 10, S. 463–471.

[6] *Gröbe, V.*, und *Reichert, H.*: Fasern aus Acrylnitril-Allylsulfonat-Copolymerisaten. Faserforsch. u. Textiltechnik **16** (1965) 7, S. 339–348.

[7] *Gröbe, V.*, *Makschin, W.*, *Reichert, H.*, *Sandner, B.*, und *Ulbricht, J.*: Copolymerisation von Acrylnitril mit Allyl- und Methallylsulfonaten in organischen Lösungsmitteln. Faserforsch. u. Textiltechnik **18** (1967) 12, S. 573–577.

[8] *Ulbricht, J.*, und *Sandner, B.*: Der Einfluß von Verunreinigungen auf die Kinetik der homogenen Acrylnitrilpolymerisation. Teil 1. Faserforsch. u. Textiltechnik **17** (1966) 5, S. 208–214.

[9] *Matsuda, M.*, *Abe, S.*, und *Tokura, N.*: Polymerisation in flüssigem Schwefeldioxid. J. Polymer Sci., **A-2**: Polymer Physics (1964) 9, S. 3877–3884; 10, S. 4281 bis 4287.

[10] *Tsuda, Y.*: Copolymerisation von Acrylnitril mit Allylverbindungen. Kogyo Kagaku Zasshi (J. chem. Soc. Japan) **62** (1959) S. 1112–1113.

[11] *Profft, E.*, und *Oberender, H.*: Synthesen mit Methallylchlorid. J. prakt. Chemie **297** (1964) S. 225–271.

[12] *Bartels, U.*: Zur Stickstoffbestimmung in Polyacrylnitril. Faserforsch. u. Textiltechnik **8** (1957) 5, S. 194 bis 195.

[13] *Bartels, U.*, und *Hoyme, H.*: Zur komplexometrischen Endbestimmung des Schwefels in organischen Substanzen nach verschiedenen Aufschlußverfahren. Chem. Technik **11** (1959) S. 600—603.

[14] *Schulz, G. V.*, und *Blaschke, F.*: Eine Gleichung zur Berechnung der Viskositätszahl für sehr kleine Konzentrationen. J. prakt. Chemie **158** (1941) S. 130 bis 135.

[15] *Ulbricht, J.*: Über die Lösungspolymerisation des Acrylnitrils. Habilitation TH Leuna-Merseburg 1964.

[16] *Onyon, P. F.*: The molecular weight viscosity relation for polyacrylonitrile. J. Polymer Sci. **22** (1956) S. 13 bis 18.

[17] *Ulbricht, J.*: Q- und e-Werte verschiedener Lösungsmittel für Polyacrylnitril. Faserforsch. u. Textiltechnik **11** (1960) 21, S. 62—65.

[18] *Gaylord, N. G.*, und *Kujawa, F. M.*: Effective chain transfer in polymerisation of 3-buten-2-ylacetat. J. Polymer Sci. **21** (1956) S. 327—328.

[19] *Izumi, Z.*, *Kiuchi, H.*, und *Watanabe, M.*: Effect of reaction medium on copolymerisation of acrylonitrile and sodium allylsulfonate. J. Polymer Sci. A: General Papers **3** (1965) S. 2965—2974.

[20] *Melville, H. W.*, *Noble, B.*, und *Watson, W. F.*: Copolymerisation. I. Kinetics and some experimental considerations of a general theory. J. Polymer Sci. **2** (1947) S. 229—245.

[21] *Ulbricht, J.*, und *Sandner, B.*: Der Einfluß von Verunreinigungen auf die Kinetik der homogenen Polymerisation des Acrylnitrils. Teil 2. Faserforsch. u. Textiltechnik **17** (1966) 6, S. 286—292.

Eingegangen am 13. September 1968

Über die Veränderung der Polymerisationsgradverteilung von Fichtenholzcellulose bei zunehmendem Abbaugrad

Siegfried Poller

Deutsche Akademie der Landwirtschaftswissenschaften zu Berlin, Institut für Forstwissenschaften in Eberswalde

DK 674.032.13:661.728:[541.24:519.241.6]:542.92

Die Polymerisationsgradverteilung von Fichtenholzcellulose verschiedenen Abbaugrades wird untersucht. Ausgehend von den dabei gefundenen Veränderungen der Molekülgrößenverteilung werden die Möglichkeiten der Übertragung der gewonnenen Erkenntnisse auf die Verhältnisse im nativen Zustand diskutiert.

Об изменении молекулярновесового распределения целлюлозы еловой древесины с увеличением степени деструкции

Изучено молекулярновесовое распределение целлюлозы еловой древесины при различной степени деструкции. На основании полученных данных обсуждена возможность применения этих результатов для природной целлюлозы.

Changes in the Distribution of the Degree of Polymerization of Spruce Cellulose with Increasing Degree of Degradation

The distribution of the degree of polymerization in spruce cellulose of different degree of degradation has been investigated. Considering the changes in chain length distribution the possible ways of translating the results obtained into corresponding statements for native spruce wood are discussed.

1. *Einleitung*

Im Zusammenhang mit Versuchen zur Bestimmung des Polymerisationsgrades P und der Polymerisationsgradverteilung von nativen Holzcellulosen interessiert die Frage, bis zu welchem Grade die Übertragung der an realen Präparaten ermittelten Ergebnisse auf den nativen Zustand berechtigt ist. Da ein objektives Maß für die während der Herstellung der Präparate stattfindenden Veränderungen fehlt, ist der Schluß von der experimentell ermittelten Verteilungskurve auf die im nativen Zustand existente Verteilung der rel. Molekülmasse unsicher. Dies wird insbesondere dann der Fall sein, wenn sich der Charakter der Verteilungskurve mit zunehmendem Abbau stark verändert. Auskunft über diese Frage kann die Untersuchung der Veränderungen der Verteilungskurven an Cellulosenitraten unterschiedlichen Abbaugrades geben. Die Kenntnis dieser Vorgänge ist darüber hinaus für die Beurteilung der Abbauvorgänge selbst von Bedeutung.

2. *Versuchsdurchführung und Präparate*

Stammholz einer ca. 80jährigen, in der Nähe von Eberswalde geschlagenen Fichte (Picea excelsa Lk.) wurde zunächst von Hand bis auf etwa Fingernagelgröße und dann in einer elektrischen Mühle weiter zerkleinert. Die Fraktion zwischen 0,2 und 0,5 mm wurde herausgesiebt, 8 h mit Äther extrahiert und anschließend im Hochvakuum bei Zimmertemperatur getrocknet [11]. Etwa je 5 g des trockenen Holzes wurden mit dem *Alexander/Mitchell*schen Nitriergemisch (Mischung M) [1] bzw. mit der von *Poller* angegebenen Nitriersäure (Mischung N) [10, 11] nitriert, wobei aber nur beim Präparat FA (vgl. Tabelle 1) auf schonende Bedingungen Wert gelegt wurde.

Der Stickstoffgehalt (N-Gehalt) der isolierten Cellulosenitrate wurde gasvolumetrisch ermittelt [9]. Die Bestimmung und Berechnung der Polymerisationsgrade $P_{w\eta}$ erfolgte nach den früher von uns gemachten Angaben [12]. Eine Korrektur auf einheitlichen N-Gehalt wurde jedoch nicht vorgenommen.

Die Nitrierbedingungen im einzelnen sowie Daten über die erhaltenen Nitrocellulose-Präparate sind in Tabelle 1 zusammengestellt. Daraus ist ersichtlich, daß es sich bei den

Tabelle 1. Präparate zur Durchführung der Fraktionierversuche

Präparat	Nitriergemisch	Nitrierzeit [h]	Nitriertemp. [°C]	N-Gehalt [%]	$[\eta]_{1300}$	$P_{w\eta}$
FA	N	24	~20	13,70	3500	6330
FB	M	36	~20	13,74	3110	5430
FC	M	48	~20	13,68	2750	4640
FD	N	100	~20	13,71	2070	3180
FE	—	—	—	13,62	1140	1510

Proben FA und FB um zwei hochmolekulare, relativ wenig abgebaute Präparate handelte. Stärker abgebaut waren die Proben FC und FD. Der Polymerisationsgrad des Präparates FE war gegenüber den vorgenannten Proben durch Abbau mittels Erhitzen im gelösten Zustand erniedrigt worden.

Die Nitrocellulosen (NC) wurden wie folgt fraktioniert:

Eingesetzte Substanzmenge: ca. 2,5 g NC, Ausgangskonzentration etwa 0,5%, Lösungsmittel: Aceton, Fällungsmittel: Aceton/Wasser (1:4).

Die NC wurde zunächst durch 2- bis 3tägiges Schütteln in Aceton gelöst. Die Fraktionierung selbst wurde bei 20 °C in einem Thermostaten durchgeführt, indem das Fällungsmittel aus der Bürette unter Rühren solange zur NC-Lösung zugetropft wurde, bis eine Trübung auftrat. Diese wurde durch Erhöhung der Temperatur um einige Grad Celcius sowie durch starkes Schütteln beseitigt, worauf das Gefäß in den Thermostaten mit der Ausgangstemperatur zurückgebracht wurde. Die nach dem Abkühlen wieder erschienene Trübung wurde durch Abzentrifugieren in verschlossenen Zentrifugengläsern (zum Verschluß bewährten sich Al-Blechdeckel) bei 6000 U/min abgetrennt. Der Niederschlag wurde meist in wenig Aceton gelöst und durch Eingießen in Methanol unter Zusatz von Wasser gefällt. Nun wurde durch G1- oder G2-Fritten filtriert, mit Wasser und Methanol gewaschen, im Hochvakuum [11] getrocknet und ausgewogen.

Die klare Lösung wurde ins Fraktioniergefäß zurückgegossen und jede weitere Fraktion in der gleichen Weise ausgefällt und aufgearbeitet. Zur Isolierung der letzten Fraktion wurde das Aceton im Vakuum abdestilliert, wobei jedoch nur eine getrübte Lösung resultierte. Durch Zusatz von Calciumchlorid unter Rühren konnte das Material geflockt werden. Die Fraktion wurde abfiltriert und vor dem Trocknen chloridfrei gewaschen. Alle Operationen wurden in Jenaer Glasgefäßen, die bereits längere Zeit in Gebrauch waren, durchgeführt.

Bei jedem Fraktionierversuch wurden jeweils etwa 10 bis 12 Fraktionen isoliert. Das beim Experimentieren angestrebte Ziel, alle Fraktionen möglichst in Mengenanteilen gleicher Größenordnung auszufällen, wurde in zufriedenstellender Weise erreicht.

Zur Berechnung der integralen Verteilungskurven $I(P)$ wurde nach *Schulz* [14, 15] verfahren. Die Massenverteilungsfunktion $c_P = \mathrm{d}\,I(P)/\mathrm{d}\,P$ wurde mit Hilfe eines rechnerischen Näherungsverfahrens gewonnen, indem aus den kumulativen Kurven für genügend kleine Abszissenintervalle (z. B. für je 250 P-Einheiten) die zugehörigen $I(P)$-Werte entnommen wurden und daraus c_P nach $c_P = \Delta I(P)/\Delta P$ errechnet wurde. Die so ermittelten c_P-Werte wurden über den durchschnittlichen Polymerisationsgraden aufgetragen.

3. *Ergebnisse*

Die integralen und differentialen Polymerisationsgradverteilungskurven der untersuchten Cellulosen sind auf den Bildern 1 bis 5 wiedergegeben.

Wir betrachten zunächst das Fraktionierergebnis beim hochmolekularen Präparat FA auf Bild 1. Daraus ist zu entnehmen, daß das Material je ein P-Maximum bei $P_{w\eta} \sim 2000$ und $P_{w\eta} \sim 7200$ besitzt. Etwa 50% der Substanz haben Polymerisationsgrade von über 6000 und nur 14% von unter 2000. Die ebenfalls hochmolekulare Probe FB (Bild 2) zeigt ein qualitativ ähnliches Bild. Die Maxima liegen bei $P_{w\eta} \sim 2000$ und $P_{w\eta} \sim 6000$. Nur noch 35% der Substanz haben Polymerisationsgrade über 6000 und etwa 16% unter 2000. Der Anteil an sehr niedermolekularem Material hat sich geringfügig erhöht. Ein Vergleich der kumulativen Kurven von FA und FB zeigt, daß diese erst bei höheren Polymerisationsgraden stärker voneinander abweichen. Bei der Isolierung des Präparates FB sind gegenüber FA vorzugsweise die Kettenlängen der höchstmolekularen Anteile erniedrigt worden.

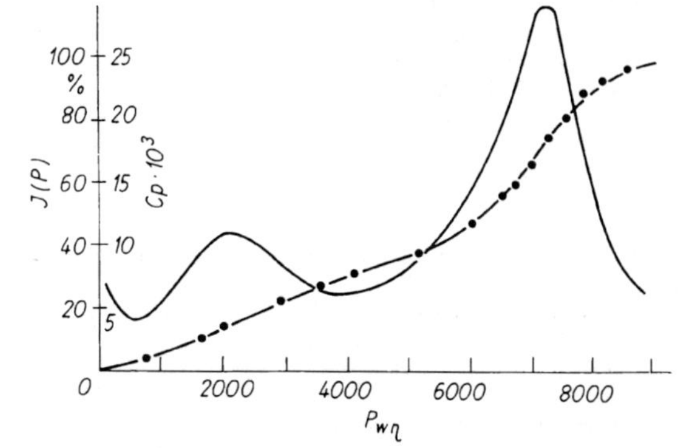

Bild 1. Polymerisationsgradverteilung von Fichtenholzcellulose; Präparat FA, $P_{w\eta} = 6330$

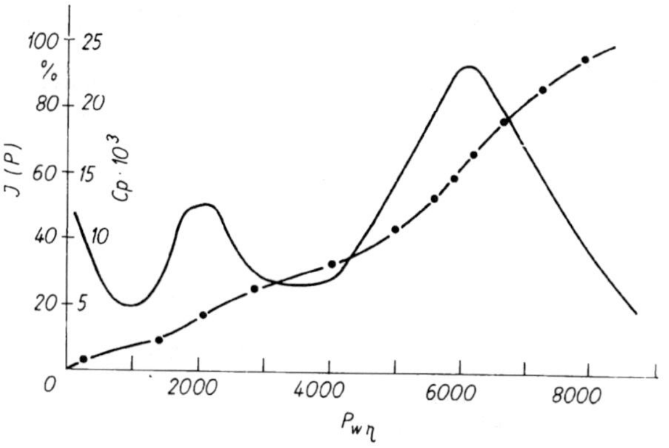

Bild 2. Polymerisationsgradverteilung von Fichtenholzcellulose; Präparat FB, $P_{w\eta} = 5430$

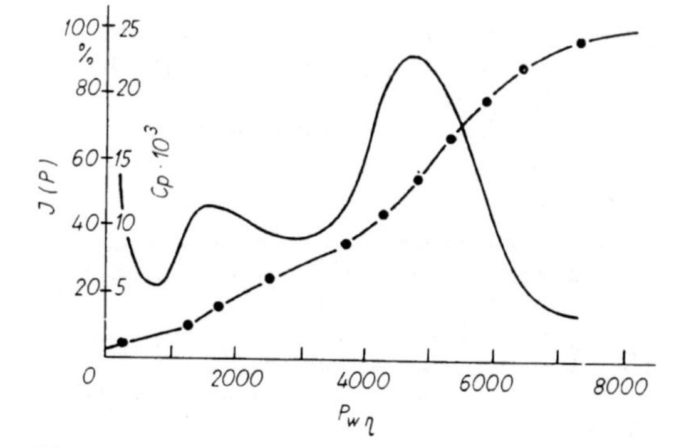

Bild 3. Polymerisationsgradverteilung von Fichtenholzcellulose; Präparat FC, $P_{w\eta} = 4640$

Ein ähnliches Bild zeigt auch die Verteilungsfunktion der Probe FC (Bild 3), die noch etwas stärker abgebaut ist als FB. Die Maxima liegen bei $P_{w\eta} \sim 1500$ und $P_{w\eta} \sim 5000$. Nur noch etwa 15% des Materials haben Polymerisationsgrade über 6000 und 19% unter 2000. Ein noch stärker abgebautes Präparat ist FD. Bild 4 zeigt, daß bei dieser Abbaustufe die ursprüngliche Verteilung bereits stark verwischt worden ist. Neben einem Maximum im niedermolekularen Bereich bei ~ 1100 und einem Maximum im hochmolekularen Bereich bei

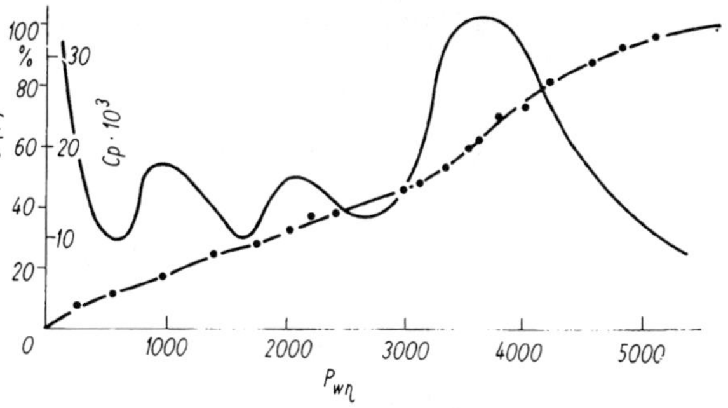

Bild 4. Polymerisationsgradverteilung von Fichtenholzcellulose; Präparat FD, $P_{w\eta} = 3180$

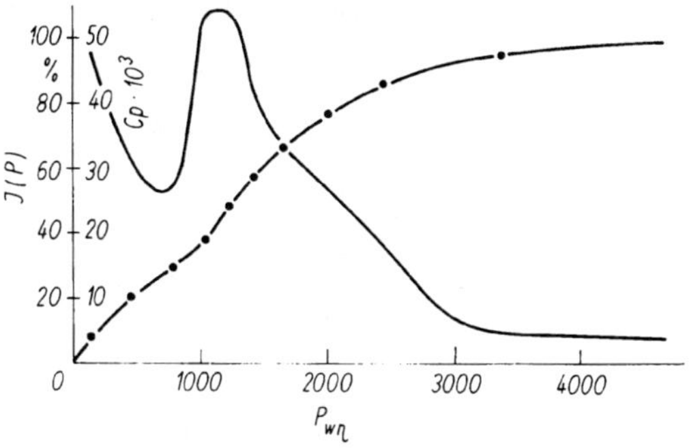

Bild 5. Polymerisationsgradverteilung von Fichtenholzcellulose; Präparat FE, $P_{w\eta} = 1510$

$\sim$3500 tritt noch ein drittes Maximum bei etwa 2000 auf. Dazu kommt eine Häufung von sehr niedermolekularen Anteilen mit Polymerisationsgraden um 150. Etwa 4% des Materials besitzen Polymerisationsgrade von über 5000.

Die Verteilungsfunktion der stark abgebauten Probe FE (Bild 5) hat mit den bisher gezeigten Kurven keine Ähnlichkeit mehr. Die Substanz zeigt ein stark ausgeprägtes Maximum bei $P_{w\eta} \sim 1100$ und ein zweites unterhalb von $P_{w\eta} \sim 200$. Fast 77% des Materials besitzen Polymerisationsgrade von unter 2000. Dagegen sind Polymerisationsgrade von über 4000 nur noch in einer Menge von etwa 3% vorhanden.

Zur Kontrolle der besprochenen Verteilungsfunktionen [13, 15] wurden aus den Summenkurven die Gewichtsmittel der Polymerisationsgrade P_w nach

$$P_w = \sum_{i=1}^{n=10} m_i P_i$$

berechnet. Darin bedeutet m_i den i-ten Gewichtsanteil der Gesamtsubstanz mit dem mittleren Polymerisationsgrad P_i. Die Summierung erfolgte über $n = 10$ gleiche Teile der Integralfunktion $I(P)$. Der so berechnete P_w-Wert wurde mit den unmittelbar durch Viskositätsmessungen aus $[\eta]_{1300}$ gewonnenen verglichen und so die Beurteilung des während der Fraktionierung stattgefundenen Abbaues ermöglicht. Die beschriebenen Rechnungen sind für die Präparate FA bis FE in der Tabelle 2 zusammengestellt.

Aus dem Vergleich der rechnerisch aus den Integralkurven und der experimentell gewonnenen Polymerisationsgrade folgt, daß die untersuchten Präparate während der Fraktionierung einen Abbau in Höhe von etwa 10 bis 15% erlitten haben. Bei der hochmolekularen Probe war der Abbau am deutlichsten.

Tabelle 2. Kontrolle der Verteilungsfunktion der untersuchten Cellulosenitrate

Probe $I(P)$	FA P_i	FB P_i	FC P_i	FD P_i	FE P_i
5	980	570	470	160	90
15	2170	1950	1720	880	320
25	3250	2880	2680	1470	620
35	4820	4320	3730	2220	970
45	5870	5120	4340	2980	1170
55	6510	5500	4800	3420	1360
65	6970	6120	5270	3710	1620
75	7310	6590	5710	4010	1940
85	7730	7140	6220	4400	2380
95	8470	7860	7100	5060	3450
Σ	54080	48250	42040	28290	13930
P_w	5410	4830	4200	2830	1390
$P_{w\eta}$	6330	5430	4640	3180	1510
Abbau abs.	920	600	440	350	120
Abbau [%]	14,5	11,0	9,5	11,0	8,0

4. *Diskussion*

Die von uns bestimmten Verteilungskurven der Fichtenholzcellulose zeigen als Hauptcharakteristika je ein ausgeprägtes Maximum im niedermolekularen und im hochmolekularen Bereich. Diese Maxima gehen wahrscheinlich auf die Primärwand- bzw. die Sekundärwandcellulose zurück [10]. Auch in anderen Fällen wurden bei relativ schonend aus dem Holz verschiedener Coniferen-Arten isolierten Cellulosen meist zwei, seltener drei Maxima in den Verteilungskurven gefunden [2, 4, 5 bis 7, 10, 15, 17 bis 19). Ebenso ergaben sich bei stärker abgebauten Präparaten zwei [16], oft aber auch drei Maxima [3, 20, 21]. Unabhängig davon weist die Verteilungskurve bei vielen Präparaten noch auf eine Häufung von Substanz im niedrigstmolekularen Gebiet hin. Dies könnte u. U. auf die Anwesenheit von Holzpolyosen zurückgeführt werden.

Die Lage der von den verschiedenen Autoren gefundenen Maxima ist unterschiedlich. Es ergibt sich daher die Frage, ob diese Differenzen wirklichen Eigenschaften der Ausgangsmaterialien entsprechen oder ob sie erst bei der Behandlung entstanden sind.

Unsere Versuche zeigen, daß die Verteilungskurve vom Abbaugrad des Präparates beeinflußt wird. Die bisher gefundenen Differenzen im Verlauf der Verteilungskurve könnten daher, wenn man von der Verwendung verschiedener Eichfunktionen $[\eta] = f(P)$ bei der Polymerisationsgradberechnung absieht, durch die unterschiedlichen Abbaugrade der untersuchten Präparate und die unterschiedlichen Reaktionen, die den Abbau herbeiführten, eine ausreichende Erklärung finden. Dazu kommt, daß nach den Befunden dieser Arbeit sowie nach den Rechnungen von *Schulz* und *Marx* [15] auch die Fraktionierung selbst mit einem Abbau verbunden sein kann. So zeigen die in der Literatur angegebenen Verteilungskurven nach *Marx-Figini* [8] meist einen beträchtlichen Abbau, der in einigen Fällen über 30% liegen soll. Der bei unseren Versuchen festgestellte Abbau von 10 bis 15% bewegt sich im Bereich des Normalen. Es ist anzunehmen, daß dadurch der Charakter der Verteilungsfunktion nicht grundlegend verändert worden ist.

Andererseits liegt auch die Existenz von Holzcellulosen mit verschiedenen Verteilungskurven im Bereich des Möglichen. Der Schluß von einer unterschiedlichen Verteilung verschiedener untersuchter Cellulosepräparate auf Unterschiede im nativen Material ist jedoch streng genommen nur bei gleicher chemischer Beeinflussung möglich.

Aus unseren Untersuchungen geht hervor, daß die bei der Fraktionierung von stark abgebauten Proben erhaltenen Verteilungskurven keinen ursächlichen Zusammenhang mehr mit der Ausgangssubstanz haben, da sie von den Kurven, die an schonend isolierten Produkten gewonnen wurden, abweichen. Jedoch bleibt das Charakteristische der Verteilungskurven erhalten, wenn der Abbau ein gewisses Maß nicht überschreitet. Der Schluß auf das native Material wird daher um so sicherer sein, je schonender die Präparate isoliert und fraktioniert worden sind.

Wenn man annimmt, daß die Probe FA relativ wenig abgebaut ist, so kann für die native Fichtenholzcellulose eine analoge Verteilungskurve mit je einem Maximum im hochmolekularen ($P > 7000$) und im niedermolekularen Bereich ($P \sim 2000$) angenommen werden. Zwingend ist diese Überlegung nicht, da völlig unbehandeltes Material nicht geprüft werden kann und auch für das Präparat FA ein nennenswerter Abbau nicht gänzlich auszuschließen ist. Daher können über die im Verlaufe der chemischen Behandlung eintretenden Veränderungen nur Vermutungen angestellt werden. So wäre z. B. denkbar, daß das niedermolekulare Maximum im Verlaufe der Einwirkung der verschiedenen Chemikalien gebildet wird.

Unabhängig davon zeigen die Versuche jedoch, daß zumindest ein wesentlicher Teil der nativen Holzcellulose in demselben Molekülgrößenbereich wie bei der Fasercellulose liegen muß.

Unterschiedliche Polymerisationsgradverteilungen der nativen Materialien könnten bei Holzcellulosen durch Unterschiede im makromolekularen Bau der den verschiedenen morphologischen Bauelementen des Holzes zugrunde liegenden Cellulosen bewirkt werden. Diese Frage wurde bisher noch nicht bearbeitet. Meist stehen auch nur kleine Substanzmengen für die Weiteruntersuchung zur Verfügung, wodurch besonders die Bestimmung der Polymolekularität erschwert wird. Das Verfahren der Trübungstitration, über dessen Anwendbarkeit bei hochveresterter NC wir ausführliche Versuche angestellt haben, bietet günstige Voraussetzungen für die Behandlung dieses Problems.

5. *Zusammenfassung*

Es wurden die durch Fraktionierversuche gewonnenen Polymerisationsgradverteilungen von Fichtenholzcellulosen an Präparaten verschiedenen Abbaugrades untersucht. Dabei zeigte sich, daß nicht nur der durchschnittliche Polymerisationsgrad, sondern auch die Form der Verteilungskurven durch den Abbaugrad der Cellulosen beeinflußt wird. Letzterer wird durch den Abbau bei der Isolierung der zur Fraktionierung dienenden Cellulosenitrate aus dem Holz und durch den bei der Fraktionierung selbst stattfindenden Abbau bestimmt. Der Schluß von den am realen Präparat erhaltenen Ergebnissen auf die Verhältnisse im nativen Zustand ist daher um so sicherer, je schonender die Cellulosen isoliert und fraktioniert worden sind. Die Verteilungskurve der schonend präparierten Fichtenholzcellulose ist durch je ein ausgeprägtes Maximum im niedermolekularen ($P_{w\eta} \sim 2000$) und im hochmolekularen Bereich ($P_{w\eta} \sim 7000$) charakterisiert. Weitere Maxima sind mit großer Wahrscheinlichkeit auf verstärkte Abbauerscheinungen zurückzuführen. Verteilungskurven von stark abgebauten Präparaten haben keinen ursächlichen Zusammenhang mit dem nativen Zustand mehr.

Literatur

[1] *Alexander, W. J.*, und *Mitchell, R. L.*: Rapid measurement of cellulose viscosity by the nitration method. Analytic. Chem. **21** (1949) S. 1497–1500.

[2] *Bryde, O.*, und *Rånby, B.*: The molecular weight and other properties of native wood cellulose. Svensk Papperstidn. **50** (1947) S. 34–44.

[3] *Haas, H.*, und *Teves, D.*: Molekulargewichtsverteilung in technischen Zellstoffen. Makromol. Chemie **6** (1951) S. 174–190.

[4] *Heuser, E.*, und *Jörgensen, L.*: Chain length and chain length distribution of wood cellulose as compared with cotton. Tappi, New York **34** (1951) S. 57–67.

[5] *Jörgensen, L.*: Studies on the partial hydrolysis of cellulose. Emil Moestue A/S: Oslo 1950.

[6] *Marx, M.*: Molekulargewichtsverteilungen an Cellulosen verschiedener Herkunft. Angew. Chemie **69** (1957) S. 269–270.

[7] *Marx, M.*: Molekulargewichtsverteilungen von nativen Faser- und Holzcellulosen. J. Polymer Sci. **30** (1958) S. 119–139.

[8] *Marx-Figini, M.*: Methodisches zur Bestimmung der Molekulargewichtsverteilung von Cellulosen. Makromol. Chemie **32** (1959) S. 233–248.

[9] *Poller, S.*: Stickstoffbestimmung an Cellulosenitraten. Faserforsch. u. Textiltechnik **18** (1967) S. 351–352.

[10] *Poller, S.*: Beitrag zur Kenntnis der Molekülgröße von nativer Fichten- und Kiefernholzcellulose. Faserforsch. u. Textiltechnik **18** (1967) S. 366–372.

[11] *Poller, S.*: Zur Methodik der Holznitrierung. Faserforsch. u. Textiltechnik **19** (1968) S. 124–129.

[12] *Poller, S.*: Zur Methodik der Polymerisationsgradbestimmung an Cellulosenitraten. Teil I und II. Faserforsch. u. Textiltechnik **19** (1968) S. 354–358; **20** (1969) 2, S. 71–76.

[13] *Schulz, G. V.*: Über die Verteilung der Molekulargewichte in hochpolymeren Gemischen und die Bestimmung des mittleren Molekulargewichtes. Z. physik. Chemie (B) **32** (1936) S. 27–45.

[14] *Schulz, G. V.*, und *Dinglinger, A.*: Molekulargewichtsbestimmungen an einer Reihe von Polymethacrylsäureestern nach verschiedenen Methoden. J. prakt. Chemie **158** (1941) S. 136–162.

[15] *Schulz, G. V.*, und *Marx, M.*: Über Molekulargewichte und Molekulargewichtsverteilungen nativer Cellulosen. Makromol. Chemie **14** (1954), S. 52–95.

[16] *Snyder, J. L.*, und *Timell, T. E.*: Molecular properties of native balsam fir cellulose. Svensk Papperstidn **58** (1955) S. 851–859.

[17] *Timell, T. E.*: Chain length and chain length distribution of native white spruce cellulose. Pulp Paper Mag. Canada **56** (1955) S. 104–114.

[18] *Timell, T. E.*: Molecular properties of seven wood celluloses. Tappi, New York **40** (1957) S. 25–29.

[19] *Tšotšijeva, M. M.*, *Bresskin, J. V.*, und *Nikitin, N. J.*: Die fraktionsmäßige Zusammensetzung der natürlichen und der Sulfatcellulose der Lärche. Ž. prikl. Chimii (Z. angew. Chemie) **36** (1963) S. 1566–1571.

[20] *Tcveta'eva, I. P.*, und *Petropavlovskij, G. A.*: Die Nitrierung von Lärchenholz mit dem Ziel der Untersuchung von Cellulose in einem dem natürlichen nahe stehenden Zustande. Ž. prikl. Chimii (Z. angew. Chemie) **36** (1963) S. 1572–1579.

[21] *Zapf, F.*: Über das Viskositätsverhalten von Holzcellulosenitraten. Makromol. Chemie **10** (1953) S. 36 bis 70.

Eingegangen am 10. Oktober 1968

Dynamische Zugprüfung von Fäden

XI. Kritische Betrachtungen zum Begriff Tangentenmodul[1])

Albrecht Bauer und Friedrich Winkler
Deutsche Akademie der Wissenschaften zu Berlin, Institut für Faserstoff-Forschung in Teltow-Seehof

DK 677.1/.5:620.017.428:539.319:513.612.2

Der Definition des Tangentenmoduls folgen die allgemeinen und speziellen Formeln für seine Berechnung unter Beachtung der verschiedenen Spannungs-Dehnungs-Kombinationen (Nennspannung, Wirkspannung, Nenndehnung, Wirkdehnung). Ausgehend von praktischen Beispielen werden die Tangentenmoduli für die verschiedenen Spannungs-Dehnungs-Kombinationen bei der statischen und dynamischen Zugprüfung gegenübergestellt. Ein Vergleich von Tangentenmodul und Amplitudenmodul beweist die größere Aussagekraft des Tangentenmoduls

Испытание нитей на растяжение в динамических условиях

XI. Критические соображения к понятию тангенциального модуля

Приведены определение понятия тангенциального модуля, а также общие и специальные формулы для его расчета с учетом различных комбинаций натяжение-удлинение (номинальное и эффективное натяжения, номинальное и эффективное удлинения). На практических примерах сопоставлены значения тангенциального модуля для различных комбинаций натяжение-удлинение при испытании в статических и динамических условиях. Путем сравнения тангенциального и амплитудного модулей доказана большая информационная ценность первого.

Dynamic Tensile Testing of Filaments

XI. Appraisal of the Concept of Tangent Modulus

The definition of the tangent modulus is followed by general and special formulae allowing for its calculation in terms of various stress-strain combinations (nominal stress, effective stress, nominal strain, effective strain). Based on practical examples the tangent moduli corresponding to various stress-strain combinations in static and dynamic tensile tests are compared. A comparision of the tangent modulus with the amplitude modulus proved the higher realibility of the former.

1. *Allgemeines*

In dem vorhergehenden Teil dieser Arbeit [21] wurde eine eingehende Betrachtung zum Begriff „Sekantenmodul“ vorgenommen. Nun soll eine andere Art von Moduli behandelt werden.

Definitionsgemäß kann der Elastizitätsmodul als eine Tangente an den linearen Anfangsteil der Spannungs-Dehnungs-Kurve unterhalb der Elastizitätsgrenze gedeutet werden. Bei Materialien mit gekrümmtem Anfangsteil der Spannungs-Dehnungs-Kurve wird aber ebenfalls oft eine Tangente an die Spannungs-Dehnungs-Kurve gelegt und deren Neigung als eine dem Elastizitätsmodul proportionale Größe angesehen. Da diese Größe keine Aussage über die Elastizität zuläßt, wäre auch hierfür nur die Verwendung des Begriffsteiles „Modul“ zu empfehlen, allerdings mit dem Zusatz „Tangente“. Zu beachten ist hierbei, daß der „Tangentenmodul“ durch Anlegen einer Tangente an irgendeinen Punkt der im Abschnitt 2.3 des Teiles X [21] erwähnten Spannungs-Dehnungs-Kurven erhalten werden kann; es muß dies nicht der Nullpunkt der Kurven sein. Der Tangentenmodul ist also eine von der Spannung bzw. der Dehnung abhängige Größe. Da die Tangente an eine Kurve mathematisch durch ihren Differentialquotienten gekennzeichnet ist, stellt die erste Ableitung

$$\frac{d\sigma}{d\varepsilon} \tag{1}$$

der Spannungs-Dehnungs-Kurve

$$\sigma = \sigma(\varepsilon) \tag{2}$$

die Tangentenmodul-Dehnungs-Kurve

$$M_{\mathrm{T}}(\varepsilon) = \frac{d\sigma(\varepsilon)}{d\varepsilon} \tag{3}$$

dar. Es ergeben sich somit:

a) Ein Nennspannungs-Nenndehnungs-Tangentenmodul

$$M_{\mathrm{NNT}} = \frac{d\sigma_{\mathrm{N}}(\varepsilon_{\mathrm{N}})}{d\varepsilon_{\mathrm{N}}}, \tag{4}$$

b) ein Wirkspannungs-Nenndehnungs-Tangentenmodul

$$M_{\mathrm{WNT}} = \frac{d\sigma_{\mathrm{W}}(\varepsilon_{\mathrm{N}})}{d\varepsilon_{\mathrm{N}}}, \tag{5}$$

c) ein Nennspannungs-Wirkdehnungs-Tangentenmodul

$$M_{\mathrm{NWT}} = \frac{d\sigma_{\mathrm{N}}(\varepsilon_{\mathrm{W}})}{d\varepsilon_{\mathrm{W}},}, \tag{6}$$

d) ein Wirkspannungs-Wirkdehnungs-Tangentenmodul

$$M_{\mathrm{WWT}} = \frac{d\sigma_{\mathrm{W}}(\varepsilon_{\mathrm{W}})}{d\varepsilon_{\mathrm{W}}}. \tag{7}$$

Die Unterschiede zwischen diesen vier Tangentenmoduli sind um so größer, je höher die Spannung bzw. Dehnung des Punktes der Spannungs-Dehnungs-Kurve liegt, für den der Tangentenmodul gilt.

Der Begriff „Tangentenmodul“ ist zwar auch bisher schon verwendet worden [12, 13, 19], doch wird darunter meist nur speziell der Tangentenmodul im Null-

[1]) X s. [21].

punkt der Kurve verstanden. Oft bleibt auch unklar, aus welcher Spannungs-Dehnungs-Kurve dieser Modul abgeleitet worden ist. Im Englischen wird der Begriff „tangent modulus" ebenfalls verwendet. Gemeint ist damit ein vom Nullpunkt ausgehender Spannungs-Dehnungs-Tangentenmodul ohne genauere Festlegung der Art der Spannung bzw. der Dehnung [1, 2, 3, 5, 6, 7].

2. *Ermittlung der Tangentenmoduli aus der Kraft-Längenänderungs-Kurve*

Wie aus den Formeln (4) bis (7) zu ersehen ist, werden zur Ermittlung des Tangentenmoduls immer die Differentialquotienten von Spannung und Dehnung benötigt. Dies würde aber bedeuten, daß eine Ermittlung des Tangentenmoduls nur mit Hilfe von Spannungs-Dehnungs-Kurven oder deren mathematischen Funktionen möglich ist.

Bei der Berechnung der Sekantenmoduli im Teil X dieser Arbeit [21] wurde von den Differenzenquotienten ausgegangen und die Ermittlung der Sekantenmoduli anhand der Kraft-Längenänderungs-Kurve vorgenommen.

Läßt man nun diese Differenzenquotienten $\Delta P/\Delta L$ in Differentialquotienten dP/dL übergehen, d. h. benutzt man die Steigung dP/dL der Kraft-Längenänderungs-Kurve direkt als Berechnungsgröße, so ergeben sich folgende allgemeingültige Tangentenmoduli:

a) Ein Nennspannungs-Nenndehnungs-Tangentenmodul

$$M_{\text{NNT}} = \frac{L_{Pv}}{F_{Pv}} \frac{dP}{dL}\,; \tag{8}$$

b) ein Wirkspannungs-Nenndehnungs-Tangentenmodul

$$M_{\text{WNT}} = \frac{L_{Pv}}{F_{Pv}} \frac{dP}{dL} \left(1 + \frac{\Delta L_P}{L_{Pv}} + \frac{P}{L_{Pv}} \cdot \frac{dL}{dP}\right); \tag{9}$$

c) ein Nennspannungs-Wirkdehnungs-Tangentenmodul

$$M_{\text{NWT}} = \frac{L_{Pv}}{F_{Pv}} \frac{dP}{dL} \left(1 + 2\,\frac{\Delta L_P}{L_{Pv}} + \frac{\Delta L_P^2}{L_{Pv}^2} + \frac{L_{Pv} + \Delta L_P}{L_{Pv}^2}\, dL\right); \tag{10a}$$

da das Differential dL klein gegenüber den anderen auftretenden Größen ist, wird das Produkt

$$\frac{L_{Pv} + \Delta L_P}{L_{Pv}^2}\, dL$$

vernachlässigbar klein und es gilt

$$M_{\text{NWT}} = \frac{L_{Pv}}{F_{Pv}} \frac{dP}{dL} \left(1 + 2\,\frac{\Delta L_P}{L_{Pv}} + \frac{\Delta L_P^2}{L_{Pv}^2}\right); \tag{10b}$$

d) ein Wirkspannungs-Wirkdehnungs-Tangentenmodul

$$M_{\text{WWT}} = \frac{L_{Pv}}{F_{Pv}} \frac{dP}{dL} \left(\frac{(L_{Pv} + \Delta L_P)^3}{L_{Pv}^3} + \frac{(L_{Pv} + \Delta L_P)^2}{L_{Pv}^3}\, dL + \frac{P(L_{Pv} + \Delta L_P)^2}{L_{Pv}^3} \frac{dL}{dP} + \frac{P(L_{Pv} + \Delta L_P)}{L_{Pv}^3} \frac{dL}{dP}\, dL\right). \tag{11a}$$

Unter Beachtung obiger Angaben über die Größe von dL ergibt sich

$$M_{\text{WWT}} = \frac{L_{Pv}}{F_{Pv}} \frac{dP}{dL} \left[1 + 3\,\frac{\Delta L_P}{L_{Pv}} + 3\,\frac{\Delta L_P^2}{L_{Pv}^2} + \frac{\Delta L_P^3}{L_{Pv}^3} + \frac{dL}{dP} \frac{P}{L_{Pv}} \left(1 + 2\,\frac{\Delta L_P}{L_{Pv}} + \frac{\Delta L_P^2}{L_{Pv}^2}\right)\right]. \tag{11b}$$

Die angeführten Tangentenmoduli (Formel (8) bis (11b)) gelten sowohl für eine statische als auch eine dynamische Beanspruchung.

3. *Spezielle Tangentenmoduli*

3.1. *Anfangs-Tangentenmodul*

Wird für den statischen Versuch der Punkt, für den der Tangentenmodul bestimmt werden soll, in den Nullpunkt oder Anfangspunkt der Spannungs-Dehnungs-Kurve bzw. der Kraft-Längenänderungs-Kurve gelegt, so erhält auch dieser Tangentenmodul in gleicher Weise wie der Sekantenmodul den Zusatz „Anfang". Der Anfangs-Tangentenmodul läßt sich aus den Formeln (8) bis (11b) ableiten, indem der Punkt (P, L) in den Punkt (P_v, L_{Pv}) verlegt wird. Die Kraft P hat also die Größe P_v und die Längenänderung ΔL_P ist Null.

Es ergeben sich damit folgende Anfangs-Tangentenmoduli:

a) Ein Nennspannungs-Nenndehnungs-Anfangs-Tangentenmodul

$$M_{\text{NNAT}} = \frac{L_{Pv}}{F_{Pv}} \frac{dP}{dL}, \tag{12}$$

b) ein Wirkspannungs-Nenndehnungs-Anfangs-Tangentenmodul

$$M_{\text{WNAT}} = \frac{L_{Pv}}{F_{Pv}} \frac{dP}{dL} \left(1 + \frac{P_v}{L_{Pv}} \frac{dL}{dP}\right), \tag{13}$$

c) ein Nennspannungs-Wirkdehnungs-Anfangs-Tangentenmodul

$$M_{\text{NWAT}} = \frac{L_{Pv}}{F_{Pv}} \frac{dP}{dL}, \tag{14}$$

d) ein Wirkspannungs-Wirkdehnungs-Anfangs-Tangentenmodul

$$M_{\text{WWAT}} = \frac{L_{Pv}}{F_{Pv}} \frac{dP}{dL} \left(1 + \frac{P_v}{L_{Pv}} \frac{dL}{dP}\right). \tag{15}$$

Die Anfangs-Tangentenmoduli nach (12) und (14) sowie die nach (13) und (15) sind identisch. Der Anfangs-Tangentemodul ist also bei Berücksichtigung der Wirkspannung eine Funktion der gewählten Vorspannkraft. Wird die Vorspannkraft P_v gleich Null, ergibt sich ein für alle vier Fälle einheitlicher Anfangs-Tangentenmodul. Der Modul kann auf Grund seiner Gleichheit für alle Spannungs-Dehnungs-Beziehungen als Null-Anfangs-Tangentenmodul

$$M_{0\text{AT}} = \frac{L_{Pv=0}}{F_{Pv=0}} \frac{dP}{dL} \tag{16}$$

bezeichnet werden.

Während der Begriff „Anfangs-Tangentenmodul“ im deutschen Sprachgebrauch bisher nicht verwendet wurde, ist der englische Begriff „initial tangent modulus“ durchaus gebräuchlich [1, 2, 5, 6, 7]. Daneben wird der Begriff „initial modulus“ verwendet [3, 4], der als Nennspannungs-Nenndehnungs-Anfangs-Tangentenmodul definiert wird, obwohl er nach der oben gegebenen Begründung allgemein gültig ist.

3.2. *Theoretischer Tangentenmodul*

Zur Kennwertermittlung bei der dynamischen Beanspruchung war im vorhergehenden Teil X dieser Arbeit [21] der Amplitudenmodul herangezogen worden.

Bereits im Teil II [8] war von uns darauf hingewiesen worden, daß für den „Elastizitätsmodul E_{36}“ zwei Grenzfälle möglich sind. Wird die Wegamplitude ΔL_a immer kleiner und geht sie schließlich gegen dL_a, so wird aus dem Amplitudenmodul ein Tangentenmodul, den wir früher mit $E_{36\max}$ bezeichneten (er wurde dort versehentlich dem Grenzfall $z \to 1$ statt $z \to 0$ zugeordnet; es handelt sich vom Modulwert her gesehen um ein Maximum und nicht von der Wegamplitude her). Durch den Übergang von ΔL_a in dL_a und von ΔP_a in dP_a geht der Amplitudenmodul (Formel (29) bis (32) in [21]) in einen sogenannten theoretischen Tangentenmodul über, und es ergaben sich dafür folgende Formeln:

a) Ein theoretischer Nennspannungs-Nenndehnungs-Tangentenmodul

$$M_{\mathrm{NNTth}} = \frac{L_{Pv}}{F_{Pv}} \frac{dP_a}{dL_a}, \tag{17}$$

b) ein theoretischer Wirkspannungs-Nenndehnungs-Tangentenmodul

$$M_{\mathrm{WNTth}} = \frac{L_{Pv}}{F_{Pv}} \frac{dP_a}{dL_a} \left(1 + \frac{\Delta L_{Pm}}{L_{Pv}} + \frac{P_m}{L_{Pv}} \frac{dL_a}{dP_a}\right), \tag{18}$$

c) ein theoretischer Nennspannungs-Wirkdehnungs-Tangentenmodul

$$M_{\mathrm{NWTth}} = \frac{L_{Pv}}{F_{Pv}} \frac{dP_a}{dL_a} \left(1 + 2\frac{\Delta L_{Pm}}{L_{Pv}} + \frac{\Delta L_{Pm}^2}{L_{Pv}^2}\right), \tag{19}$$

d) ein theoretischer Wirkspannungs-Wirkdehnungs-Tangentenmodul

$$M_{\mathrm{WWTth}} = \frac{L_{Pv}}{F_{Pv}} \frac{dP_a}{dL_a} \left[1 + 3\frac{\Delta L_{Pm}}{L_{Pv}} + 3\frac{\Delta L_{Pm}^2}{L_{Pv}^2} + \frac{\Delta L_{Pm}^3}{L_{Pv}^3} + \frac{P_m}{L_{Pv}} \frac{dL_a}{dP_a} \left(1 + 2\frac{\Delta L_{Pm}}{L_{Pv}} \frac{\Delta L_{Pm}^2}{L_{Pv}^2}\right)\right]. \tag{20}$$

Diese Formeln (17) bis (20) werden mit den Formeln (8) bis (11b) identisch, wenn in den letztgenannten dP/dL durch dP_a/dL_a, ΔL_P durch ΔL_{Pm} und P durch P_m ersetzt wird.

Die Formeln für den theoretischen Tangentenmodul haben nur theoretischen Wert, denn für den Fall, daß die Amplitude ΔP_a bzw. ΔL_a gegen dP_a bzw. dL_a geht, d. h. Null wird, kann nicht mehr von einer dynamischen Beanspruchung die Rede sein und die Ausdrücke dP_a und dL_a verlieren ihre Berechtigung.

4. *Der Tangentenmodul bei der statischen Zugprüfung*

Der Tangentenmodul läßt sich bei der statischen Zugprüfung auf folgenden drei Wegen ermitteln:

A. direkt aus dem entsprechenden Spannungs-Dehnungs-Diagramm durch graphische Differentiation der Spannungs-Dehnungs-Kurve,

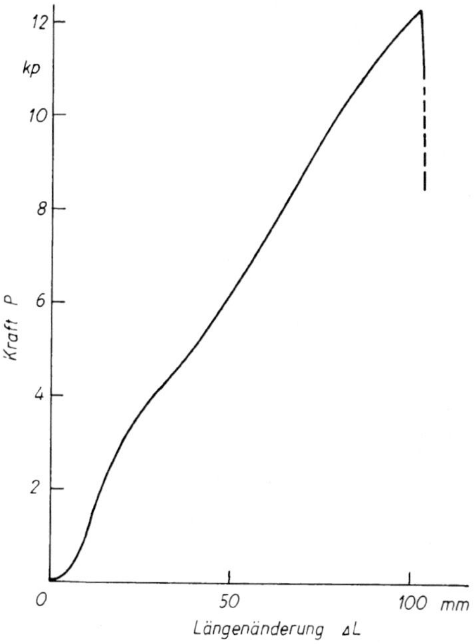

Bild 1. Kraft-Längenänderungs-Kurve eines Super-II-Cordes (500 mm Einspannlänge)

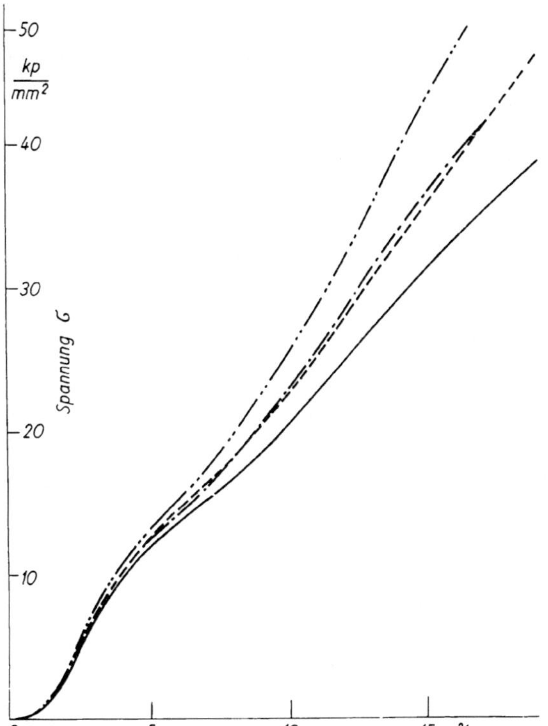

Bild 2. Spannungs-Dehnungs-Kurve des Super-II-Cordes von Bild 1
——— $\sigma_N - \varepsilon_N$-Kurve —.—.—. $\sigma_N - \varepsilon_W$-Kurve
— — — — $\sigma_W - \varepsilon_N$-Kurve — —..— — $\sigma_W - \varepsilon_W$-Kurve

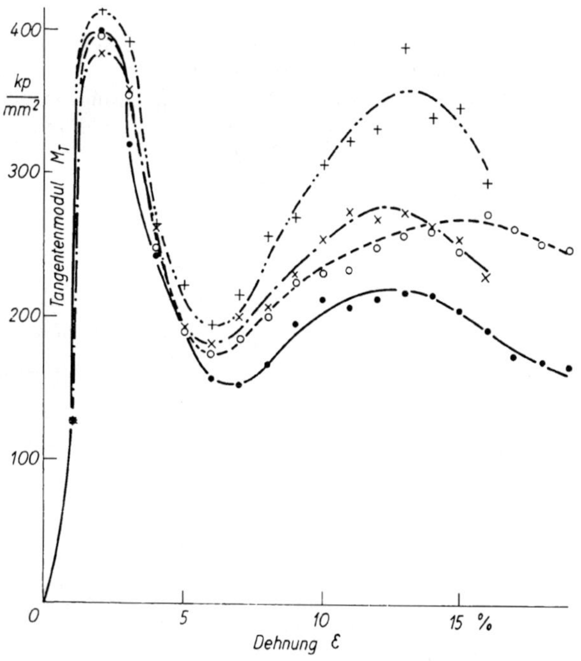

Bild 3. Tangentenmodul-Verlauf des Super-II-Cordes von Bild 1 (graphisch ermittelt aus Bild 2)
(•) ———— M_{NNT} – ε_N-Kurve
(○) — — — — M_{WNT} – ε_N-Kurve
(×) —.—.—. M_{NWT} – ε_W-Kurve
(+) — —. . — — M_{WWT} – ε_W-Kurve

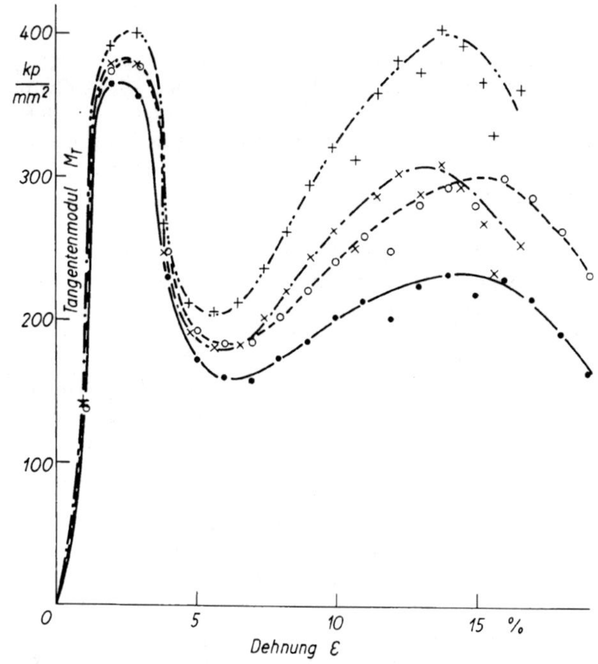

Bild 4. Tangentenmodul-Verlauf des Super-II-Cordes von Bild 1 (rechnerisch ermittelt nach Formeln (8) bis (11 b) mit Hilfe von Bild 1)
(•) ———— M_{NNT} – ε_N-Kurve
(○) — — — — M_{NWT} – ε_N-Kurve
(×) —.—.—. M_{NWT} – ε_W-Kurve
(+) — —. . — — M_{WWT} – ε_W-Kurve

B. durch Differentiation der mathematischen Funktion der Spannungs-Dehnungs-Kurve oder durch Bilden der 1. Ableitung von Spannungs-Zeit-Kurve und Weg-Zeit-Kurve und anschließender Quotientenbildung beider Kurven,

C. mit Hilfe der Formeln (8) bis (11 b).

Um festzustellen, ob die Wege A und C gleiche Ergebnisse liefern, wurde das Kraft-Längenänderungs-Diagramm eines Super-II-Cordes vom VEB Sächsisches Kunstseidenwerk „Siegfried Rädel" Pirna mit der Bezeichnung 1101/3/2/3 (Bild 1) in die entsprechenden Spannungs-Dehnungs-Diagramme (Bild 2) umgezeichnet. Aus diesen Spannungs-Dehnungs-Diagrammen wurden dann die Tangentenmoduli graphisch ermittelt (Bild 3), während die Errechnung der Tangentenmoduli nach Formel (8) bis (11b) mit Hilfe des Kraft-Längenänderungs-Diagrammes geschah (Bild 4). Unter Beachtung der Ablesegenauigkeit der Werte der Steigungswinkel kann behauptet werden, daß die beiden unterschiedlich ermittelten Tangentemoduli gut übereinstimmen.

Aus den Bildern 3 und 4 geht eindeutig hervor, daß die Spannungs-Dehnungs-Kurve keinen linearen Anfangsbereich besitzt. Es müßte sonst der Tangentenmodul von 0% Dehnung ab einen konstanten Wert annehmen. Diese Nichtlinearität ist von *W. Wegener* und *W. Stein* [20] auf anderem Wege durch die elektronische Differenzierung der Kraft-Dehnungs-Kurve schon nachgewiesen worden.

5. *Tangentenmodul bei der dynamischen Zugprüfung*

Bei der dynamischen Zugprüfung tritt auf Grund des viskoelastischen Verhaltens zwischen der aufgeprägten Deformation und der sich im Prüfling ausbildenden Kraft bzw. Spannung eine Phasenverschiebung auf, die, wie in früheren Veröffentlichungen [9, 10, 11, 14 bis 18] nachgewiesen, über einen Beanspruchungszyklus nicht konstant ist. Werden der Kraft- und der Wegverlauf auf die Vertikal- und die Horizontalablenkung eines Schreibers gegeben, so erhält man eine Hysteresisschleife. Durch Anlegen von Tangenten an diese Schleife wird der Steigungswinkel-Verlauf erhalten und durch Umrechnen der Tangentenmodul-Verlauf über einen Belastungszyklus. Eine genauere Ermittlung der Steigung ist aus der Kraft-Zeit-Kurve und der Weg-Zeit-Kurve möglich. Durch Differenzieren der beiden Kurven und ins Verhältnissetzen der beiden abgeleiteten Kurven erhält man auch den Steigungswinkel-Verlauf.

Da in der Praxis der dynamischen Zugprüfung Getriebe mit einer rein sinusförmigen Hubbewegung nur sehr schwer herzustellen sind, muß der sinusförmige Weg-Zeit-Verlauf als theoretischer Grenzfall angesehen werden. Andererseits werden für dynamische Prüfungen mit niedrigen Frequenzen oft auch statische Zugprüfgeräte eingesetzt, wobei zwischen zwei Dehnungsgrenzen gependelt wird. Im Idealfall entspricht der Weg-Zeit-Verlauf einer Dreieckkurve. Zwischen diesen beiden Grenzfällen wird der tatsächliche Weg-Zeit-Verlauf der Prüfmaschine liegen.

Wird vorausgesetzt, daß der Weg-Zeit-Verlauf rein sinusförmig ist und die Kraft dem Weg um einen konstanten Betrag φ nacheilt (die Hysteresisschleife ist dann eine Ellipse), so lauten die Formeln

$$\varepsilon = \varepsilon_m + \varepsilon_a \sin \omega t, \tag{21}$$

$$\sigma = \sigma_m + \sigma_a \sin(\omega t + \varphi), \tag{22}$$

$$\frac{d\varepsilon}{dt} = \varepsilon_a \omega \cos \omega t, \tag{23}$$

$$\frac{d\sigma}{dt} = \sigma_a \omega (\cos\varphi \cos \omega t - \sin\varphi \sin \omega t), \tag{24}$$

$$M = \frac{\dfrac{d\sigma}{dt}}{\dfrac{d\varepsilon}{dt}} = \frac{\sigma_a}{\varepsilon_a}(\cos\varphi - \sin\varphi \cdot \tan \omega t). \tag{25}$$

Der Tangentenmodul-Verlauf entspricht also einer verzerrten und um $\pi/2$ verschobenen Kotangens-Funktion (Bild 5). Der Durchschnittswert des Tangentenmoduls errechnet sich zu

$$\overline{M} = \frac{1}{2\pi}\int_0^{2\pi} \frac{\sigma_a}{\varepsilon_a}(\cos\varphi - \sin\varphi \cdot \tan\omega t)\, d\omega t = \frac{\sigma_a}{\varepsilon_a}\cos\varphi. \tag{26}$$

Bei Annahme eines Weg-Zeit-Verlaufes nach einer Dreieckkurve und wieder einer konstanten Phasenverschiebung ergeben sich folgende Funktionen:

$$\varepsilon = \varepsilon_m + \frac{8\varepsilon_a}{\pi^2}\left(\sin \omega t - \frac{1}{3^2}\sin 3\omega t + \frac{1}{5^2}\sin 5\omega t - + \ldots\right), \tag{27}$$

$$\sigma = \sigma_m + \frac{8\sigma_a}{\pi^2}\left[\sin(\omega t + \varphi) - \frac{1}{3^2}\sin(3\omega t + \varphi) + \frac{1}{5^2}\sin(5\omega t + \varphi) - + \ldots\right], \tag{28}$$

$$\frac{d\varepsilon}{dt} = \frac{8\omega\varepsilon_a}{\pi^2}\left(\cos\omega t - \frac{1}{3}\cos 3\omega t + \frac{1}{5}\cos 5\omega t - + \ldots\right), \tag{29}$$

$$\frac{d\sigma}{dt} = \frac{8\omega\sigma_a}{\pi^2}\left[\cos\varphi \cdot \cos\omega t - \sin\varphi \cdot \sin\omega t - \frac{1}{3}(\cos\varphi \cdot \cos 3\omega t - \sin\varphi \sin 3\omega t) + \frac{1}{5}(\cos\varphi \cos 5\omega t - \sin\varphi \sin 5\omega t) - + \ldots\right], \tag{30}$$

$$M = \frac{\dfrac{d\sigma}{dt}}{\dfrac{d\varepsilon}{dt}} = \frac{\sigma_a}{\varepsilon_a}\left(\cos\varphi - \sin\varphi \times \frac{\sin\omega t - 1/3\sin 3\omega t + 1/5 \sin 5\omega t + - \ldots}{\cos\omega t - 1/3\cos 3\omega t + 1/5\cos 5\omega t - + \ldots}\right). \tag{31}$$

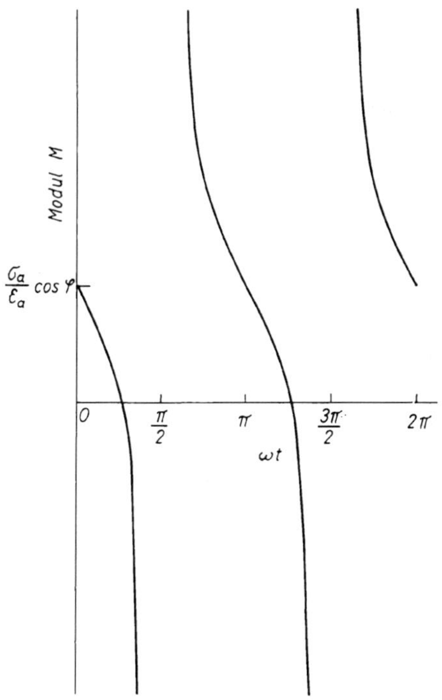

Bild 5. Graphische Darstellung der Funktion $M = \frac{\sigma_a}{\varepsilon_a}(\cos\varphi - \sin\varphi \tan\omega t)$

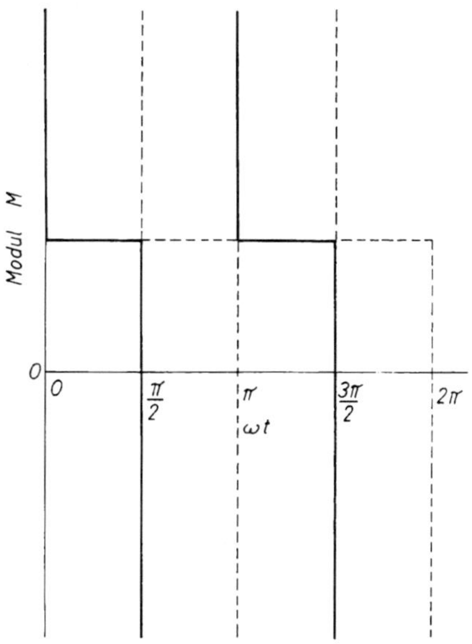

Bild 6. Graphische Darstellung der Funktion $M = \frac{\sigma_a}{\varepsilon_a}\left(\cos\varphi - \sin\varphi \frac{\sin\omega t - \frac{1}{3}\sin 3\omega t + \frac{1}{5}\sin 5\omega t - + \ldots}{\cos\omega t - \frac{1}{3}\cos 3\omega t + \frac{1}{5}\cos 5\omega t - + \ldots}\right)$

Der Tangentenmodul-Verlauf nach Formel (31) ist in Bild 6 graphisch dargestellt.

Gehorcht nun der Weg-Zeit-Verlauf einer verzerrten Sinusfunktion oder ist die Phasenverschiebung über einen Belastungszyklus nicht konstant oder treten sogar beide Ereignisse ein, so beschreibt der Tangentenmodul-Verlauf eine Funktion, die zwischen dem in Bild 5 und Bild 6 aufgezeichneten Verlauf liegt. An einem Beispiel soll dies aufgezeigt werden.

Für ein dynamisch geprüftes Baumwoll-Gewebe wurden die Kraft-Zeit-Kurve und die Weg-Zeit-Kurve photographisch festgehalten und beide Kurven auf die Amplitude 1 umgezeichnet. Dann wurden für beide Kurven punktweise die Differen-

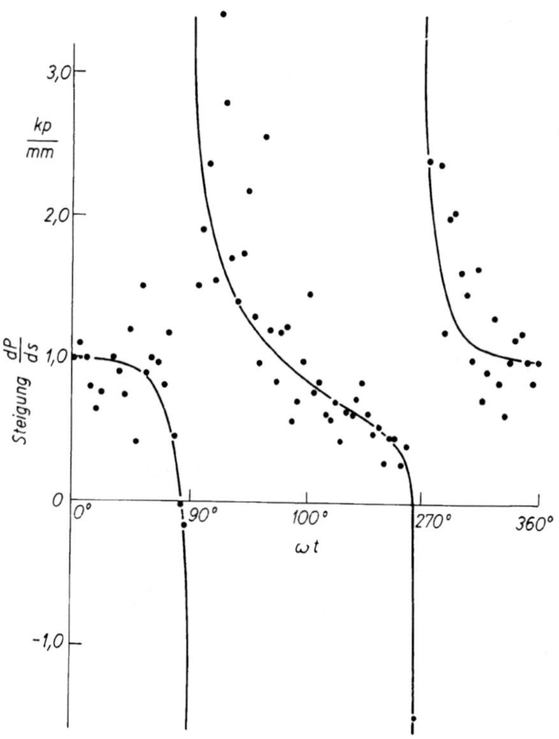

Bild 7. dP/ds-Verlauf eines Baumwoll-Gewebes über einen Belastungs-Zyklus

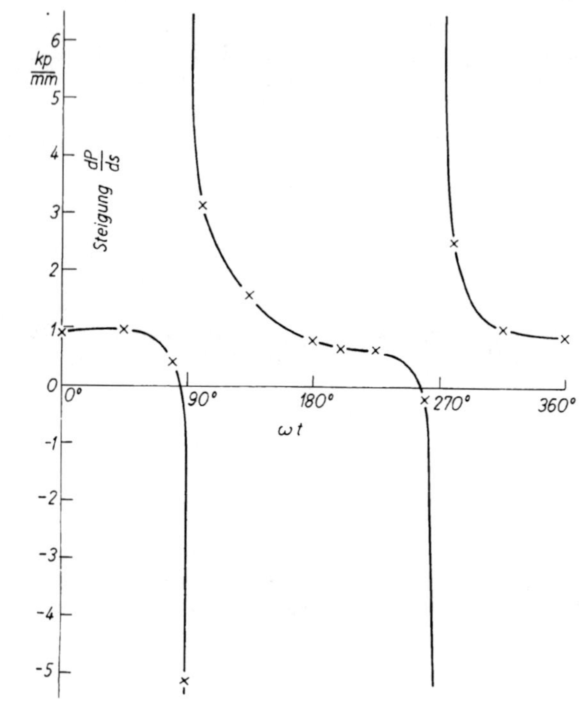

Bild 8. dP/ds-Verlauf eines Baumwoll-Gewebes über einen Belastungs-Zyklus, ermittelt mit Hilfe der Fourieranalyse

zenquotienten gebildet, anschließend die Steigungswinkel punktweise errechnet und in Bild 7 aufgezeichnet. Die Streuung der Einzelwerte des Steigungswinkel-Verlaufes liegt in ihrer punktweisen Ermittlung begründet. Mit Hilfe der Fourieranalyse werden die Kraft-Zeit- sowie Weg-Zeit-Kurve zerlegt und die Fourierkoeffizienten ermittelt. Der Kraft-Zeit- und Weg-Zeit-Verlauf für das untersuchte Baumwoll-Gewebe werden dabei durch folgende Formeln beschrieben:

$$P = 22{,}85 \cos \omega t + 95{,}50 \sin \omega t - 6{,}98 \cos 2\omega t + 1{,}20 \sin 2\omega t + 1{,}92 \cos 3\omega t - 3{,}85 \sin 3\omega t + 0{,}24 \cos 4\omega t + 0{,}96 \sin 4\omega t - 0{,}60 \cos 5\omega t + 0{,}36 \cos 6\omega t - 0{,}36 \sin 6\omega t \pm \ldots \quad (32)$$

$$s = -1{,}81 \cos \omega t + 99{,}75 \sin \omega t + 0{,}48 \cos 2\omega t - 0{,}36 \sin 2\omega t + 0{,}48 \cos 3\omega t - 0{,}36 \sin 3\omega t + 0{,}48 \cos 4\omega t + 0{,}36 \sin 4\omega t + 0{,}48 \cos 4\omega t + 0{,}60 \cos 5\omega t - 0{,}48 \sin 5\omega t + 0{,}48 \cos 6\omega t + 0{,}24 \sin 6\omega t \pm \ldots . \quad (33)$$

Diese beiden Formeln (32) und (33) werden differenziert und dann wird punktweise der Quotient dP/ds gebildet. Die dP/ds-Kurve ist in Bild 8 dargestellt. Die Kurven von Bild 7 und 8 stimmen gut überein. Die Steigung ist an zwei Stellen ∞, dies sind die Umkehrstellen des Weges an der Hysteresisschleife. Diese Umkehrstellen sind identisch mit den Stellen der Bewegungsumkehr des Getriebes. Durch Umrechnung der dP- und ds-Werte in $d\sigma$- und $d\varepsilon$-Werte erhält man den Tangentenmodul. Der Modul weist über einen Zyklus also zwei ∞-Stellen auf und verläuft nach einer stark verzerrten Kotangens-Funktion. Diese Funktion liegt, wie schon weiter oben angedeutet, zwischen den in den Bildern 5 und 6 aufgezeichneten Funktionen.

Mit Hilfe der Formel (8) bis (11 b) kann nun der dP/ds-Verlauf in den Tangentenmodul-Verlauf umgerechnet werden. Die Tangentenmodul-Werte für verschiedene Spannungs- und Dehnungs-Kombinationen sind für einige Drehwinkel in der Tabelle 1 zusammengefaßt. Der Unterschied zwischen den Moduli der einzelnen Kombinationen ist gering, so daß er sich graphisch (Bild 9) nur schlecht darstellen ließ. Diese Differenz

Tabelle 1. Tangentenmodul-Werte eines Baumwoll-Gewebes für verschiedene Spannungs-Dehnungs-Kombinationen und Drehwinkel

Winkel [°]	M_{NNT} [kp/mm²]	M_{WNT} [kp/mm²]	M_{NWT} [kp/mm²]	M_{WWT} [kp/mm²]
0	104,96	108,34	109,95	113,49
45	109,58	113,77	115,53	119,95
80	48,04	50,78	50,78	53,67
90	− 590,69	− 605,96	− 624,47	− 640,62
100	347,62	369,04	378,00	390,07
135	182,30	188,23	192,20	198,45
180	93,94	96,81	98,41	101,42
200	75,69	77,93	79,16	81,51
225	74,79	76,65	77,76	79,70
260	− 22,70	− 22,81	− 23,57	− 23,68
270	−1021,44	−1037,45	−1060,20	−1076,82
280	291,55	297,40	302,67	308,75
315	121,20	123,79	126,02	129,06
360	104,96	108,34	109,95	113,49

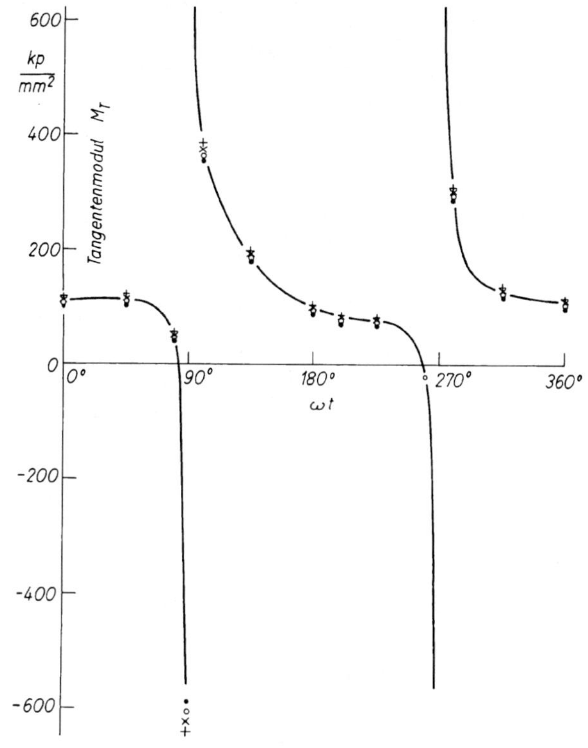

Bild 9. Tangentenmodul-Verlauf eines Baumwoll-Gewebes über einen Belastungs-Zyklus

• M_{NNT} ∘ M_{WNT} × M_{NWT} + M_{WWT}

ist abhängig von der Größe der Mittel- und Wechseldehnung. Bei der statischen Zugprüfung bzw. beim Betrachten eines Kraft-Längenänderungs-Diagramms bis zum Bruchpunkt unterscheiden sich die Moduli dagegen doch beträchtlich.

6. *Die früheren Moduli E_{28}, E_{30}, E_{34} und E_{36}*

Bei der dynamischen Prüfung wurde von uns bisher immer der „Elastizitätsmodul E_{34}" ermittelt. Dieser Modul ist ein Amplitudenmodul und stellt den Durchschnittswert des Tangentenmoduls über einen Zyklus dar. Dies soll als Beispiel an dem oben erwähnten Baumwoll-Gewebe nachgewiesen werden.

Durch Integration des Tangentenmodul-Verlaufes von Bild 9 wird ein Durchschnittswert von etwa 120 kp/mm² erhalten. Für den in Bild 9 dargestellten Versuch lassen sich die Moduli E_{28}, E_{30}, E_{34} und E_{36} nach den Formeln der Tabelle 2 des Teiles II [8] zu

„E_{28}" = 114,3 kp/mm²

„E_{30}" = 119,8 kp/mm²

„E_{24}" = 117,9 kp/mm²

„E_{36}" = 123,7 kp/mm²

errechnen. Die Werte stimmen gut mit dem durch Integration erhaltenen Wert überein.

7. *Gegenüberstellung von Tangentenmodul und Amplitudenmodul*

Der Tangentenmodul stellt den Momentan-Wert der Neigung der Spannungs-Dehnungs-Kurve dar und der Tangentenmodul-Verlauf über einen Zyklus ist somit ein Maß für die Form der Hysteresisschleife. Durch Integration des Tangentenmodul-Verlaufes über einen Zyklus wird ein Mittelwert erhalten. Dieser Mittelwert ist mit dem aus den Endpunkten der Schleife ermittelten Amplitudenmodul identisch. Der Amplitudenmodul gibt aber auf Grund seiner Berechnung keine Auskunft über die Form der Hysteresisschleife, sondern ist nur ein Maß für die Durchschnittssteigung der Hysteresisschleife. Die größere Aussagekraft des Tangentenmoduls gegenüber dem Amplitudenmodul soll an einem Beispiel dargestellt werden.

Aus der experimentell ermittelten Hysteresisschleife (H_u, H_{0I}) von Flachs (Bild 10) wurde unter Annahme eines sinusförmigen Wegverlaufes der Kraftverlauf errechnet. Außerdem wurde in diese Hysteresisschleife der Kurvenverlauf der oberen Schleifenhälfte H_{0II} in einer beliebigen Form konstruiert und auch für diese konstruierte Schleife der Kraftverlauf ermittelt. Beide Kraftverlaufskurven wurden mit der Fourieranalyse zerlegt und dann diese Kurven differenziert. Die nach dem Weg differenzierten Kraftkurven sind ein Maß für die Steigung der Hysteresisschleife und im Bild 11 dargestellt. Beide Kurven sind in den Bereichen 0 bis 90° und 270 bis 360° nicht identisch, da sie in diesen Bereichen eine unterschiedliche Schleifenform besitzen; in dem Bereich 90 bis 270° dürfte kein Unterschied auftreten. Da aber die Fourierkoeffizienten-Ermittlung und die Differentiation der Kurven punktweise vorgenommen wurde und bei der Berechnung nur die ersten Fourierkoeffizienten verwendet wurden, treten geringe Differenzen auf. Die Formeln für den Weg-Zeit- und Kraft-Zeit-Verlauf sowie den Differentialkurven-Verlauf, der dem Verlauf der Steigung entspricht, lauten:

$$\text{Weg} \quad s = 49{,}0 \sin \omega t, \tag{34}$$

$$\text{Kraft } P_I = -7{,}8 + 47{,}5 \sin \omega t + 5{,}6 \cos \omega t + 0{,}8 \sin 2\omega t - 8{,}5 \cos 2\omega t - 0{,}4 \sin 3\omega t, \tag{35}$$

$$P_{II} = -2{,}0 + 47{,}5 \sin \omega t + 15{,}8 \cos \omega t + 0{,}8 \sin 2\omega t - 2{,}3 \cos 2\omega t - 0{,}4 \sin 3\omega t + 2{,}9 \cos 3\omega t, \tag{36}$$

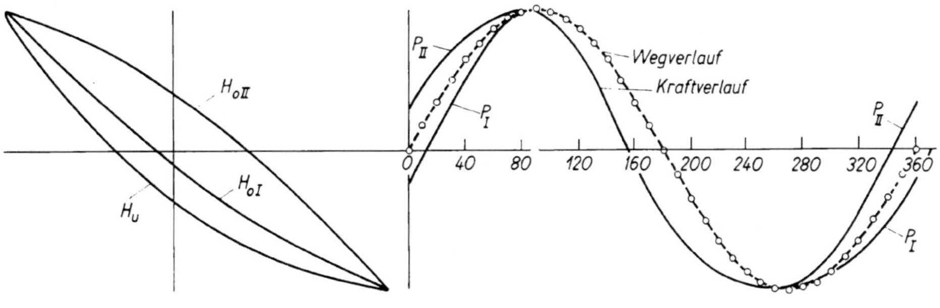

Bild 10. Kraft-Zeit-Funktion von Flachs, ermittelt aus der Hysteresisschleife

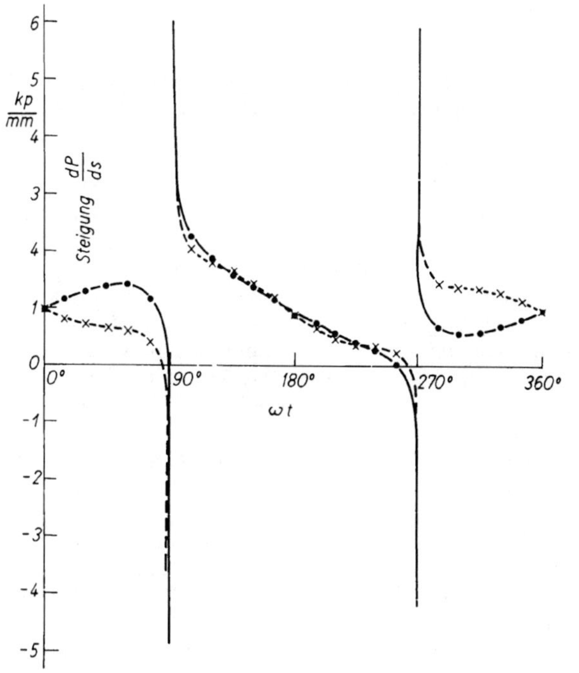

Bild 11. dP/ds-Verlauf der in Bild 10 dargestellten Hysteresisschleife

(•) ——— dP_I/ds
(×) – – – – dP_{II}/ds

$$\frac{dP_I}{ds} = 0{,}9452 + 0{,}6938 \sin\omega t + 0{,}0326 \cos\omega t - 0{,}1143 \tan\omega t + 0{,}0980 \sin^2\omega t - 0{,}0326 \frac{\sin^2\omega t}{\cos\omega t}, \quad (37)$$

$$\frac{dP_{II}}{ds} = 0{,}9452 - 0{,}3224 \tan\omega t + 0{,}0326 \left(\cos\omega t - \frac{\sin^2\omega t}{\cos\omega t}\right) + 0{,}1878 \sin\omega t + 0{,}0980 \sin^2\omega t - 0{,}1775 \left[\tan\left(4\cos^2\omega t - 1\right)\right]. \quad (38)$$

Durch Einsetzen der Formeln (35) und (37) bzw. (36) und (38) in die Formeln (9) bis (11b) lassen sich aus den Steigungsverläufen die verschiedenen Tangentenmodul-Verläufe errechnen. Da diese Berechnung aber sehr zeitaufwendig ist, wird sie hier nicht durchgeführt. Werden die beiden Kurvenverläufe (37) und (38) integriert, so erhält man gleiche Ergebnisse, nämlich 1,9884 π. Der Wert der Durchschnittssteigung ist also für beide Hysteresisschleifen gleich.

Der Verlauf des Tangentenmoduls über einen Zyklus gibt also eindeutig Auskuft über die Form der Schleife, die materialabhängig ist, während der Amplitudenmodul ebenso wie der Mittelwert des Tangentenmoduls über einen Zyklus nur einen Durchschnittswert darstellen und so keine Aussage über den Verlauf der Schleife zulassen.

Die Klärung der Frage, ob der erhöhte Aufwand zur Ermittlung des Tangentenmodul-Verlaufes gegenüber der Berechnung des Amplitudenmoduls durch die gewonnene zusätzliche Information gerechtfertigt ist, muß weiteren Untersuchungen vorbehalten bleiben.

Literatur

[1] ASA B 101.1-1963: Standard Method for Determination of Young's Modulus at Room Temperature (identisch mit ASTM E 111-61).

[2] ASA Z 92.1-1965: Standard Definitions of Terms Relating to Methods of Mechanical Testing (identisch mit ASTM E 6-64).

[3] ASTM D 123-64: Standard Definitions of Terms Relating to Textile Materials.

[4] ASTM D 2101-64 T: Tentative Method of Test for Man-Made Fibers Taken from Filament Yarns and Tows.

[5] ASTM E 6-64: Standard Definitions of Terms Relating to Methods of Mechanical Testing (identisch mit ASA Z 92.1-1965).

[6] ASTM E 111-61: Standard Method for Determination of Young's Modulus at Room Temperature (identisch mit ASA B 101.1-1963).

[7] ASTM E 231-64 T: Tentative Method for Static Determination of Young's Modulus of Metals at Low and Elevated Temperatures.

[8] *Bauer, A.*, und *Winkler, F.*: Dynamische Zugprüfung von Fäden. II. Eine Systematik des Elastizitätsmoduls. Faserforsch. u. Textiltechnik **15** (1964) 9, S. 433—441.

[9] *Bauer, A.*, und *Winkler, F.*: Dynamische Zugprüfung von Fäden. VI. Phasenwinkel und Verlustwinkel. Faserforsch. u. Textiltechnik **16** (1965) 9, S. 456—463.

[10] *Bauer, A.*, und *Winkler, F.*: Dynamische Zugprüfung von Fäden. VII. Genauigkeitsbetrachtungen zum Phasenwinkel. Faserforsch. u. Textiltechnik **16** (1965) 11, S. 534—540.

[11] *Bauer, A.*, und *Winkler, F.*: Zur Ermittlung des Phasenwinkels bei der dynamischen Zugprüfung von Reifenkord. Kautschuk, Gummi, Kunststoffe **18** (1965) 12, S. 779—783.

[12] *Gaube, E.*: Kriechverhalten von Hartpolyäthylen und Polypropylen. Kunststoffe **57** (1967) 4, S. 270—275.

[13] *Kägi, H.*: Die Belastungs-Dehnungs-Kurve bei Werkstoffen mit Faserstruktur; Textilien, Leder, Papier. Textil-Rdsch., St. Gallen **8** (1953) S. 168—176; S. 233 bis 242.

[14] *Kemmnitz, G.*: Graphische Auswertung der Hysterese von Hochpolymeren. Faserforsch. u. Textiltechnik **11** (1960) 9, S. 457—463.

[15] *Kemmnitz, G.*: Die graphische Auswertung der Hysteresisschleife. Faserforsch. u. Textiltechnik **12** (1961) 3, S. 113—118; 4, S. 149—156.

[16] *Kemmnitz, G.*: Berechnung der Verlustarbeit einer Hysteresisschleife für nichtlineare Beanspruchung. Faserforsch. u. Textiltechnik **12** (1961) 6, S. 289—293.

[17] *Kemmnitz, G.*, und *Espanion, G.*: Relaxation bei der Zugwechselbeanspruchung von Hochpolymeren. Z. Elektrochemie **65** (1961) 7/8, S. 693—696.

[18] *Kemmnitz, G.*, *Espanion, G.*, und *Meumann, H.*: Bemerkungen über die Auswertung von Dämpfungsschleifen II. Rheologica Acta, Darmstadt **1** (1961) 4/6, S. 560—565.

[19] *Puck, A.*: Zur Beanspruchung und Verformung von GFK-Mehrschichtverband-Bauelementen. Teil I. Grundlagen der Spannungs- und Verformungsanalyse. Kunststoffe **57** (1967) 4, S. 284—293.

[20] *Wegener, W.*, und *Stein, W.*: Elektrische Meßverfahren zur gleichzeitigen Ermittlung der Kraft-Dehnungskurve und ihrer ersten Ableitung. Z. ges. Textilind. **66** (1964) 9, S. 760—764; 10, S. 827—830.

[21] *Winkler, F.*, und *Bauer, A.*: Dynamische Zugprüfung von Fäden. X. Kritische Betrachtungen zum Begriff Sekantenmodul. Faserforsch. u. Textiltechnik **19** (1968) 6, S. 278—284.

Eingegangen am 13. August 1968.

Filterwirkung von Titandioxid während der Strahlungseinwirkung auf Polyesterseide

Siegfried Kaufmann

138. Mitteilung aus dem Institut für Textiltechnologie der Chemiefasern Rudolstadt-Schwarza (Direktor: Dipl.-Ing. H. Bürger)

DK 677.494.674:677.494.021.43:546.824—31:677.019.36

Es wird ein treffertheoretisches Modell der Wirkung von Titandioxid in hochpolymeren Fäden bei Strahlungseinwirkung beschrieben. Durch Anwendung dieses Modells auf Ergebnisse von Bestrahlungsversuchen mit Polyesterseide wird die Filterwirkung des Titandioxids experimentell nachgewiesen.

Абсорбирующее действие двуокиси титана в процессе радиационного воздействия на полиэфирный шелк

Описана модель теории попадания для эффекта двуокиси титана при радиационном облучении полимерных нитей. При применении этой модели к результатам экспериментов по облучению полиэфирного шелка доказано абсорбирующее действие двуокиси титана.

Filtration Effect of Titanium Dioxide on Irradiation of Polyester Filament Yarns

The effect of titanium oxide in polymer filaments exposed to radiation is described by a model based on the theory of hits. Application of this model to the irradiation data obtained with of polyester filament yarn provided evidence of the filtering effect of titanium dioxide.

1. *Bezeichnungen*

A_λ = Spektraler Wirkungsquerschnitt des hochpolymeren Fadens (vgl. [2])
B_λ = Beständigkeit der Reißkraft eines hochpolymeren Fadens gegenüber der Einwirkung von Quanten der Wellenlänge λ (Verhältnis der Restreißkraft zur Ausgangsreißkraft)
B = Beständigkeit der Reißkraft eines hochpolymeren Fadens gegenüber der Einwirkung von Quanten mit unterschiedlichen Wellenlängen
c = Konzentration
d = Durchmesser des hochpolymeren Fadens
ε_λ = Spektraler, dekadischer Extinktionskoeffizient
λ = Wellenlänge der einwirkenden Quanten
λ_s = Schwerpunktwellenlänge
m_λ = Spektraler, dekadischer Extinktionsmodul des hochpolymeren Fadens
Q_λ = Spektrale Quantendichte der auffallenden Strahlung (vgl. [2])
t = Bestrahlungsdauer
τ_λ = Spektraler Transmissionsgrad im hochpolymeren Faden infolge des TiO_2

2. *Einleitung*

Für Acetatfasern gibt *Sippel* [7] an, daß sich die Geschwindigkeitskonstante der Reißkraftbeständigkeit durch Zusatz von 1,8% TiO_2 bei Einwirkung von Quanten mit Wellenlängen kleiner als 340 nm auf ca. die Hälfte verringert (Abschirmwirkung).

Nach *Settele* [5] nimmt für Polyamid 6.6 mit zunehmendem TiO_2-Gehalt die Beständigkeit der Reißkraft bei Sonneneinstrahlung (Quanten mit Wellenlängen kleiner und größer als 340 nm) nicht beliebig ab, sondern erreicht ein Minimum, um bei noch größeren TiO_2-Konzentrationen wieder zuzunehmen. *Settele* [5] erklärt diesen Effekt durch die Bildung einer Deckschicht, wie das *Sippel* [7] auch für die Acetatfasern getan hat.

Jaeger [1] führt Untersuchungsergebnisse von *Sbrolli* und *Capaciolli* an, nach denen bei Einwirkung von Quanten auf mattierte PAS mit kleiner werdender Wellenlänge die katalytische Wirkung des TiO_2 verringert wird.

Die *Filterwirkung* des TiO_2 nimmt also nach *kurzen* Wellenlängen zu [1, 7]. Das ist auch zu erwarten, da bei Einwirkung von Quanten mit kurzen Wellenlängen die Möglichkeit der direkten statistischen Kettenspaltung zunimmt. Im längerwelligen UV und z. T. im sichtbaren Spektralbereich führen erst die Nachfolgereaktionen des photochemischen Primärprozesses zu einer Spaltung der Ketten (z. B. der Kristallitbrücken [7]). Das TiO_2 bewirkt aber im *langwelligen* UV eine *Sensibilisierung* des Faserstoffes gegenüber der einfallenden Strahlung [8].

Die Beständigkeit der Reißkraft von Polyesterseide (PES) gegenüber der UV-Strahlung sollte nach den obigen Überlegungen ab einer Mindestkonzentration mit dem TiO_2-Gehalt auch zunehmen, wenn daran gedacht wird, daß gerade PES sehr stark vom kurzwelligen UV angegriffen wird [4, 6, 8].

Nachfolgend wird darüber berichtet, wie die Filterwirkung von TiO_2 während der Strahlungseinwirkung auf PES nachgewiesen werden kann.

3. *Treffertheoretische Deutung der TiO_2-Wirkung in Faserstoffen während der Strahlungseinwirkung*

Aus der Treffertheorie [9] wird für die Beständigkeit B_λ der Reißkraft eines *glänzenden* hochpolymeren Fadens im Bereich der direkten statistischen Kettenspaltung infolge spektraler Strahlungseinwirkung folgende Gleichung abgeleitet [2]:

$$B_\lambda = 10^{-Q_\lambda A_\lambda}, \qquad (1)$$

wobei Q_λ die spektrale Quantendichte und A_λ den spektralen Wirkungsquerschnitt bedeuten.

Bei Einsatz des TiO_2 in den hochpolymeren Faden bedingt das letztere infolge seiner *Filterwirkung* eine Verminderung der spektralen Quantendichte von Q_λ auf $\tau_\lambda Q_\lambda$. Andererseits vergrößert das eingebaute TiO_2 infolge seiner katalytischen Wirkung (*Sensibilisierung*) den spektralen Wirkungsquerschnitt von A_λ auf A_λ^*. Aus Gleichung (1) folgt daraus für die Beständigkeit der Reißkraft eines *mattierten* hochpolymeren Fadens gegenüber der UV-Strahlung

$$B_\lambda = 10^{-\tau_\lambda Q_\lambda A_\lambda^*}. \qquad (2)$$

Mit der TiO_2-Konzentration nimmt τ_λ ab, während A_λ^* in vielen Fällen zunimmt.

Diese Gegenläufigkeit beider Faktoren bedingt ein *Minimum* der Beständigkeit, wie das bereits aus experimentellen Daten gefolgert wurde [5]. Der Erhöhung der TiO_2-Konzentration zur Verbesserung der Beständigkeit sind durch die Verminderung der Reißkraft allerdings Grenzen gesetzt.

Aus dem Extinktionsmodulspektrum ergibt sich mit

$$\tau_\lambda = 10^{-(m_\lambda - m_{PE\lambda})d} \quad (3)$$

und

$$m_\lambda = (m_{PE} + \varepsilon_{TiO_2} c_{TiO_2})_\lambda \quad (4)$$

aus Gleichung (2)

$$\log Q_\lambda A_\lambda^* - \log\log \frac{1}{B_\lambda} = (m_\lambda - m_{PE\lambda})\, d\,. \quad (5)$$

Wird der zweite Summand der linken Seite von Gleichung (5) bei zu vernachlässigender Änderung der Sensibilisierung mit der TiO_2-Konzentration ($A_\lambda^* \approx$ const) über den spektralen Extinktionsmodul aufgetragen, so müßte sich bei Vorliegen der Filterwirkung des TiO_2 eine Gerade ergeben, wenn der Abfall der Beständigkeit näherungsweise exponentiell erfolgt.

Beim Einsatz von polychromatischer Strahlung (Linienstrahler) ist Gleichung (2) durch folgenden Ausdruck zu ersetzen [2]:

$$B = 10^{-\sum_\lambda \tau_\lambda Q_\lambda A_\lambda^*}. \quad (6)$$

Wirkt sich das TiO_2 aselektiv auf den spektralen Verlauf des Extinktionsmoduls im interessierenden Wellenlängenbereich aus, so ergibt sich mit $\tau \approx \tau_{\lambda_s}$ aus Gleichung (6) näherungsweise

$$B = 10^{-\tau_{\lambda_s} \sum_\lambda Q_\lambda A_\lambda^*} \quad (7)$$

oder

$$\log \sum_\lambda Q_\lambda A_\lambda^* - \log\log \frac{1}{B} = (m_{\lambda s} - m_{PE\lambda s})\, d\,. \quad (8)$$

Nachfolgend soll für PES gezeigt werden, daß beim Einsatz von unterschiedlichen TiO_2-Konzentrationen sich auch bei Einwirkung polychromatischer Strahlung (Xenonstrahlung) eine Gerade entsprechend Gleichung (8) ergibt.

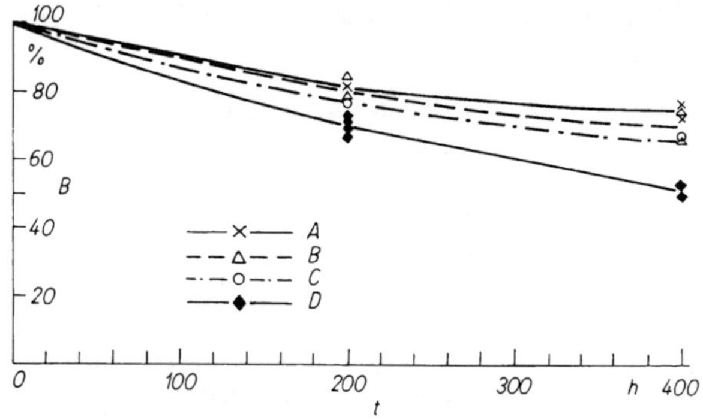

Bild 1. Beständigkeit der Reißkraft verschiedener PES gegenüber der Xenonstrahlung
($A = 2\%$, $B = 1{,}7\%$, $C = 1{,}45\%$, $D = 0{,}6\%$)

4. *Durchführung der Experimente*

Es werden verschiedene PES mit einem Elementarfadendurchmesser von ca. 16 µm bestrahlt (insgesamt sind ca. 20 Elementarfäden in einem Faden vereinigt). Die Bestrahlung der PES wird im Xenotestgerät 150 der Quarzlampengesellschaft mbH, Hanau, vorgenommen, wobei die Proben ohne Unterlage im Gleichlauf bei einer Temperatur von ca. 35 °C der Xenonstrahlung hinter Fensterglas ausgesetzt sind.

Die UV-mikrospektralphotometrische Messung wird mit einer bereits beschriebenen Apparatur durchgeführt [3].

5. *Ergebnisse der Messungen*

Im Bild 1 sind die Ergebnisse der Xenotestbestrahlung verschiedener PES mit verschiedenen TiO_2-Konzentrationen in Abhängigkeit von der Bestrahlungsdauer dargestellt.

Das entsprechende Extinktionsmodulspektrum der verschiedenen PES zeigt Bild 2.

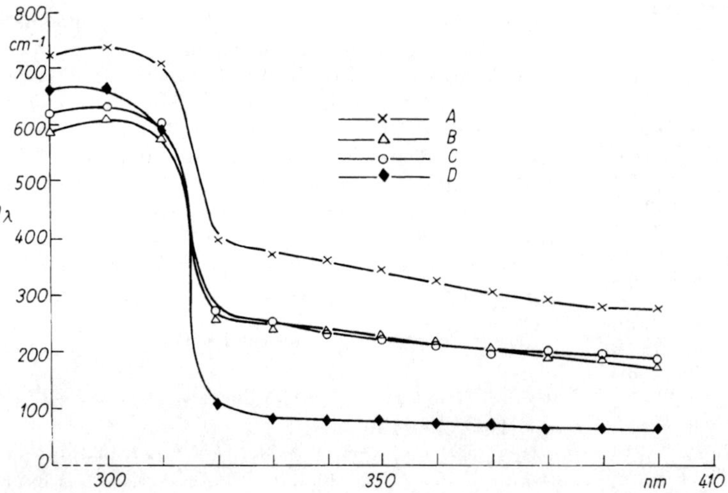

Bild 2. Spektrum der mittleren Extinktionsmoduli verschiedener PES
($A = 2\%$, $B = 1{,}7\%$, $C = 1{,}45\%$, $D = 0{,}6\%$)

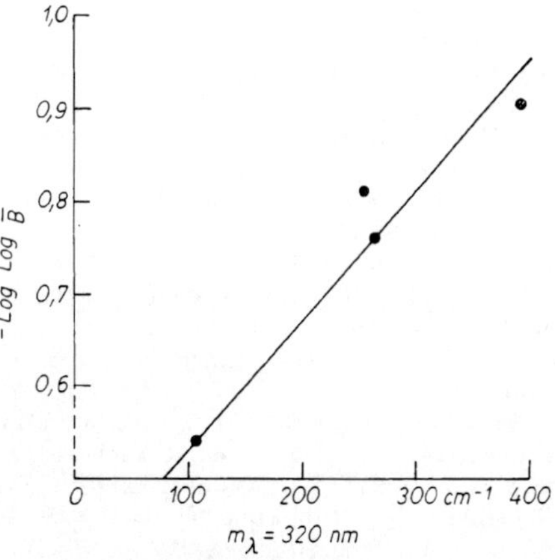

Bild 3. Treffertheoretischer Nachweis der Filterwirkung von TiO_2 bei PES nach Xenonbestrahlung

Aus dem Vergleich der entsprechenden Kurven der Bilder 1 und 2 ist bereits die Proportionalität zwischen B und m_λ zu erkennen, die auf die oben formulierte Filterwirkung des TiO_2 hinweist. Wird entsprechend Gleichung (8) der zweifach logarithmierte Kehrwert der Beständigkeit (z. B. nach 400 h, siehe Bild 1) über dem spektralen Extinktionsmodul bei der Schwerpunktwellenlänge von 320 nm (siehe Bild 2) aufgetragen, so ergibt sich die im Bild 3 dargestellte Gerade.

Größere Abweichungen einzelner PES von einer Geraden, wie sie im Bild 3 gezeigt wird, deuten darauf hin, daß entweder die Filterwirkung des TiO_2 nicht eintritt, die Sensibilisierung überwiegt, der spektrale Wirkungsquerschnitt auf Grund anderer Provenienz geändert ist oder der Abfall der Beständigkeit mit der Bestrahlungsdauer auch näherungsweise nicht exponentiell verläuft. Quantitative Abschätzungen ergaben, daß nur ein Bruchteil der gesamten TiO_2-Menge zur Filterwirkung beiträgt.

Insgesamt wird mit den treffertheoretischen und experimentellen Ergebnissen gezeigt, daß bei PES das TiO_2 zu einer ausgesprochenen Filterwirkung in bestimmten spektralen Bereichen der Strahlung und bestimmten TiO_2-Konzentrationsbereichen führen kann.

Literatur

[1] *Jaeger, W.*: Modelluntersuchungen zum Mechanismus des photochemischen Abbaus von Polyamiden. Dissertation Berlin 1966.

[2] *Kaufmann, S.*: Die spektrale Strahlungseinwirkung auf die Reißspannung von Faserstoffen. Faserforsch. u. Textiltechnik **15** (1964) 8, S. 358–367.

[3] *Kaufmann, S.*: Messung der Transmission von Elementarfäden aus Polyamid 6 und Polyester mit polarisierter Strahlung im ultravioletten Spektralbereich. Faserforsch. u. Textiltechnik **20** (1969) 1, S. 47–49.

[4] *Schefer, W.*: Die photochemische Schädigung der Polyesterfasern. Textil-Rdsch., St. Gallen **13** (1958) 7, S. 336–346; 8, S. 396–411.

[5] *Settele, W. G.*: Lichtgeschütztes Nylon. SVF-Fachorgan Textilveredl., Basel **15** (1960) 1, S. 22–25.

[6] *Schultz, A. E.*, und *Leaky, S. M.*: Die Bestimmung der aktiven Wellenlänge bei der Spaltung von Polyester durch Licht. J. appl. Polymer Sci. **5** (1961) 13, S. 64–66.

[7] *Sippel, A.*: Gesetzmäßigkeiten beim Abbau von Textilfasern durch energiereiche Strahlung und Wärme. Melliand Textilber. **38** (1957) 8, S. 898–904.

[8] *Sommer, H.*, und *Winkler, F.*: Die Prüfung der Textilien. In: *Siebel, E.*, Handbuch der Werkstoffprüfung, V. Band. Berlin/Göttingen/Heidelberg: Springer 1960.

[9] *Timoffeeff/Ressovsky, N. W.*, und *Zimmer, K. G.*: Biophysik, Bd. I. Leipzig: S.-Hirzel 1947.

Eingegangen am 12. August 1968

Kurze Mitteilungen[1]

Versuche zur Herstellung von Natriumdithiocarbonat

DK 546.33'265.07:66.065.2:541.124:543.422.4

Während Alkali- und zum Teil auch Schwermetalltrithiocarbonate seit langem bekannt und charakterisiert sind, wurde über eine präparative Darstellung von Dithiocarbonat (DTC) in Substanz bisher nichts bekannt. Das intermediäre Auftreten von DTC bei der Umsetzung von CS_2 mit OH'-Ionen wurde schon vor längerer Zeit auf Grund kinetischer Daten postuliert [1 bis 4], bis dann vor einigen Jahren die Existenz von Dithiocarbonationen in stark alkalischer Lösung experimentell nachgewiesen werden konnte [5, 6]. Für eine präparative Darstellung von festem Natriumdithiocarbonat kommt trotz der relativ großen Stabilität der DTC-Anionen in hochkonzentrierten Laugen [5] eine direkte Umsetzung von CS_2 mit Natronlauge kaum in Frage; denn das primär entstehende Dithiocarbonat reagiert in einer Folgereaktion rasch mit dem CS_2 unter Trithiocarbonatbildung weiter [7, 8].

Bei unseren präparativen Arbeiten gingen wir davon aus, daß bei einer Zersetzung von Xanthogenaten in sehr starken Laugen ($\geqq$ 10 m) kein Trithiocarbonat entsteht. Nach *Dolby* und *Samuelson* [9] ist unter solchen Reaktionsbedingungen nicht CS_2, sondern Dithiocarbonat das primäre Abspaltungsprodukt, das dann zu Sulfid und Carbonat weiter zerfällt. Bei geeignetem Verhältnis der Zersetzungsgeschwindigkeiten von Xanthogenat und Dithiocarbonat, also bei Zersetzung eines rasch zersetzlichen Xanthogenats in hochkonzentrierter Lauge, müßte hiernach eine höhere DTC-Konzentration ohne gleichzeitige Anreicherung von Trithiocarbonat erzielt werden können. Die nachstehend skizzierte Arbeitsweise erlaubt die Gewinnung einer festen Substanz, die zu etwa 70% aus Na_2CS_2O besteht:

Durch ca. 1 h Erhitzen von 0,5 bis 1 m Na-Methylxanthogenatlösung in 10 m NaOH auf 60 °C kann man eine DTC-Lösung erhalten, die etwa 0,2 bis 0,4 m ist. Das durch gleichzeitige Zersetzung von DTC gebildete Sulfid und Carbonat fällt bei Kühlung der Reaktionsmischung auf −10 °C zum größten Teil aus. Eine weitere Trennung des DTC von Sulfid, Xanthogenat, Carbonat und NaOH läßt sich durch mehrfache Behandlung mit Äthanol in der Kälte erzielen, wobei zwei flüssige Phasen auftreten und sich in der stark alkalisch-wäßrigen Phase das Dithiocarbonat anreichert. Durch Einengen dieser Lösung im Vakuumexsikkator über P_2O_5 bei Raumtemperatur kann man eine weitgehend von anderen sulfidischen Verbindungen freie, feste Substanz gewinnen, die zu etwa 30% aus Na_2CS_2O besteht. Die restlichen 70% sind wahrscheinlich NaOH, Kristallwasser und Na_2CO_3. Setzt man die Extraktion der Lösung mit Äthanol fort, läßt sich unter weiterem Substanzverlust noch mehr NaOH und Wasser entfernen, wobei man allerdings infolge teilweiser Zersetzung des DTC einen gewissen Sulfidanteil in Kauf nehmen muß. Fraktioniertes Einengen einer so erhaltenen Lösung im Vakuumexsikkator führt zu steigenden DTC-Anteilen in den abgetrennten festen Produkten. Nach Einengen der letzten Lösung und Trocknung der festen Substanz bei Raumtemperatur über P_2O_5 im Vakuum ergab sich folgende Zusammensetzung: 70% Na_2CS_2O, 4% Na_2S, 3% Na_2CS_3, 16% H_2O. Wie eine Na-Bestimmung zeigte, sind die restlichen 7% erwartungsgemäß NaOH. Diese Substanz mit einem Gehalt von ca. 70% Na_2CS_2O ist schmutzig gelb gefärbt, wahrscheinlich durch Verunreinigungen. Ähnlich wie Trithiocarbonat ist sie äußerst hygroskopisch. Das DTC läßt sich darin spektralphotometrisch bestimmen (vergl. [5, 7]) und weist ein charakteristisches IR-Spektrum auf. Die saure Zersetzung liefert quantitativ und in stöchiometrischem Verhältnis H_2S und COS. In fester Form läßt sich Natriumdithiocarbonat bei Ausschluß von Feuchtigkeit längere Zeit unzersetzt aufbewahren. Während mit Erdalkaliionen aus stark alkalischer, konzentrierter DTC-Lösung keine Fällungen erhalten werden, geben Schwermetallionen wie $Cu^{\cdot\cdot}$, $Pb^{\cdot\cdot}$, $Hg^{\cdot\cdot}$

[1]) Die Veröffentlichung der „Kurzen Mitteilungen" erfolgt unter alleiniger Verantwortung der Verfasser.

und $Ag^{\cdot}$ schwerlösliche, dunkle Niederschläge der entsprechenden Sulfide. Schwermetalldithiocarbonate sind also offenbar äußerst zersetzlich. Die Ausfällung eines schwerlöslichen Dithiocarbonats konnte visuell nur mit $Tl^{\cdot}$-Ionen beobachtet werden; bei $-20\,°C$ fiel aus 5 m NaOH ein intensivgelber, flockiger Niederschlag aus, der sich innerhalb 1 h, bei Raumtemperatur bereits innerhalb 1 min, in das schwarze Thalliumsulfid umwandelte. Eine ausführliche Darstellung experimenteller Einzelheiten einschließlich analytischer Fragen erfolgt demnächst in der Zeitschrift für Anorganische und Allgemeine Chemie.

Literatur

[1] *Geiger, M.*: Zur Kenntnis der Cellulosexanthogenate. 1. Mitt. Helv. Chimica Acta **13** (1930) S. 281–303.
[2] *Philipp, B.*: Zur Kinetik der Umsetzung von Schwefelkohlenstoff mit Natronlauge. 1. Mitt. Faserforsch. u. Textiltechnik **6** (1955) S. 433–442.
[3] *Wronski, M.*: Zur Frage der Trithiocarbonatbildung bei der Xanthogenatreaktion. Faserforsch. u. Textiltechnik **8** (1957) S. 32–34.
[4] *Vermaas, D.*: Die Chemie des Viskoseprozesses. Chem. Wbl. **54** (1958) S. 33–41.
[5] *Hovenkamp, S. G.*: Sodium dithiocarbonate as a byproduct in xanthating reactions. A contribution to the chemistry of viscose. J. Polymer Sci., **C2** (1963) S. 341 bis 355.
[6] *Philipp, B.*, und *Dautzenberg, H.*: Polarographische und potentiometrische Untersuchungen an Schwefelkohlenstoff und einigen seiner Derivate. Mber. dt. Akad. Wiss. Berlin **6** (1964) S. 148–158.
[7] *Hovenkamp, S. G.*: Reaktion im System Schwefelkohlenstoff-Natronlauge. Dissertation Delft 1965.
[8] *Dautzenberg, H.*, und *Philipp, B.*: Zur Kinetik der Additionsreaktion zwischen CS_2 und verschiedenen Anionen unter besonderer Berücksichtigung ihrer Abhängigkeit von der Hydroxylionenkonzentration. Faserforsch. u. Textiltechnik **20** (1919) 5 im Satz.
[9] *Dolby, I.*, und *Samuelson, O.*: Ripening of viscose. 7. Formation of low molecular weight compounds. Svensk Papperstidn. **69** (1966) S. 305–310.

Horst Dautzenberg und *Burkart Philipp*
Deutsche Akademie der Wissenschaften zu Berlin, Institut für Faserstoff-Forschung in Teltow-Seehof

Eingegangen am 14. November 1968

Quantitative Teilchenanalyse in Polycaprolactamlösungen[1][2]

DK 678.675'126:66.095.26:541.182.041:541.182.6.02:543.257.5

Bei der technischen Caprolactampolymerisation und bei der Verformung des Polymeren können Polymerenanteile infolge von Wandhaftung oder durch überlanges Verbleiben in „toten Räumen" der Aggregate unter Gelteilchenbildung [1] „technologisch altern". In TiO_2-haltigen Schmelzen ist außerdem eine Agglomeration von Mattierungsmittel-Teilchen nicht völlig auszuschließen. Verarbeitet man Schmelzen, die solche Gel- oder Agglomeratteilchen im Subsiebbereich enthalten, zu Fäden oder Folien, so kann es beim Spinn- oder Streckprozeß zu Störungen kommen. Die Rationalität der Produktionsprozesse und/oder die Qualität der Produkte können durch solche potentiellen Störteilchen nachteilig beeinflußt werden.

Auch bei Photolyse oder unter der gemeinsamen Einwirkung von Luftsauerstoff und von Strahlungsenergien entstehen Gelanteile in Polyamiden [2]. Sie konnten abgetrennt werden und sind summarisch quantitativ bestimmt worden [3].

Eine Nachweismethode aber, die es gestattet, Veränderungen in Polyamidschmelzen oder Schädigungen von festen Polyamiden im Frühstadium zu erkennen und durch Angaben über Zahl und ungefähre Größe von Gelteilchen oder anderen potentiellen Störteilchen zu charakterisieren, ist u. W. noch nicht bekannt.

Wir erarbeiteten ein Analysenverfahren, das sich sowohl für betriebsanalytische Zwecke als auch für die systematische Ermittlung von Korrelationen zwischen Art und Umfang der Polyamidschädigung einerseits und Art und Ausmaß der Gelanteilbildung im Polymeren andererseits eignet. Als Meßprinzip bot sich die konduktometrische Impuls-Teilchenzählung nach dem *Coulter*-Prinzip [4] an. Das *Coulter*-Verfahren wurde bereits mit Erfolg zur Teilchenzählung in Viskoselösungen [5], aber auch zur quantitativen Erfassung heterodisperser Anteile in den schlechter leitenden Lösungen von Polyacrylnitril [6] und von Polyvinylchlorid [7] angewandt.

Als hinreichend gut leitendes Lösungsmittel zur Teilchenanalyse in Polycaprolactam-Materialien erwies sich die Mischung aus 85%iger HCOOH (100)/95,6%iger H_2SO_4 (8) (V/V)[3]. Weitere Vorteile dieses Mischlösungsmittels sind, daß es das Polymere rasch löst und es nicht abbaut. So löste sich Feinkorngranulat ($\overline{P}_n = 140$) bei 20 °C innerhalb von 1,5 h zur 1%igen Lösung auf. Die rel. Viskosität dieser Lösung, aber auch η_{rel} einer entsprechenden Lösung von thermooxydativ geschädigtem Polycaprolactam (Schädigung durch 3 bis 6 h Erwärmen auf 200 °C) blieben bei 20 °C während des möglichen Meßzeitraumes von 8 h auf $\Delta\eta_{rel}$ von $5 \cdot 10^{-3}$ konstant.

Als Meßeinrichtung sind kommerzielle Impuls-Teilchenzählgeräte verwendbar, z. B. der Granulometer TUR ZG 2 des VEB Transformatoren- und Röntgenwerk Dresden, wobei auf die Lösungsmittelbeständigkeit der Schlauchverbindungen zu achten ist.

Für die hier beschriebenen Prinzipversuche wurde das Celloscope der Ljungberg AB, Stockholm, benutzt. Der Meßkapillarendurchmesser betrug 150 µm. Diskriminator und Stromstärke wurden für $HCOOH/H_2SO_4$ (und für das Vergleichslösungsmittel 1,25 m KCl im 85%iger HCOOH[4])) auf untere Schwellwerte von 5 und 50 µm für Polystyrol-Eichteilchen (micronic beads der Fa. IONICS, Inc., Watertown, Mass., USA) eingestellt[5]) (DV 0/10 und 50/8 für $HCOOH/H_2SO_4$ bzw. DV 0/10 und 50/10 für HCOOH/1,25 m KCl an unserem Meßgerät). Da die mit Lösungsmittel durchtränkten (bis durchspülten) Gelteilchen der Modellproben (thermooxydativ geschädigtes Polycaprolactam) sicher eine größere Leitfähigkeit haben als die Eichteilchen, liegen ihre wahren Schwellwertdurchmesser natürlich höher als die der Polystyrolkügelchen (vgl. dazu [5]). Die Größenbestimmung der Gelteilchen im System $HCOOH/H_2SO_4$ ist im Gange. Hier geben wir zunächst nur Schwellwerteinstellungen an. Während der Messungen wurde mittels Magnetanker (350 min^{-1}) gerührt. Alle Teilchenzahlen beziehen sich auf das Meßvolumen 1 ml; die Polyamidlösungen enthielten 1 g Polycaprolactammaterial/100 ml Lösungsmittel. Die Lösungsmittel konnten mittels Druckfiltration über G 5-Fritten auf niedrige Blindwerte gebracht werden (10 ± 5 Teilchen für DV 0/10 und 5 ± 3 Teilchen für DV 50/8 bzw.

[1]) 5. Mitt. über „Analytik von Polycaprolactam". 4. Mitt.: *Reinisch, G.*, und *Jaeger, W.*, Faserforsch. u. Textiltechnik **19** (1968) 4, S. 154–158.
[2]) Teil der beabs. Dissertation von *W. Jakob.*

[3]) Abkürzung: $HCOOH/H_2SO_4$.
[4]) Abkürzung: HCOOH/KCl.
[5]) Diskriminatorstellung/Verstärkereinstellung Abkürzung: DV.

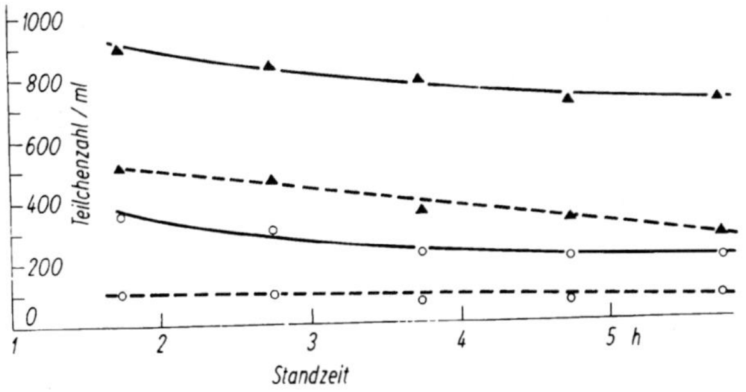

Bild 1. Abhängigkeit der Gelteilchenzahl von der Standzeit für 1%ige Lösungen von thermooxydativ geschädigtem Polycaprolactam in $HCOOH/H_2SO_4$

Geräteeinstellungen	———	DV 0/10
	- - - - -	DV 50/8
Schädigungsdauer (bei 180 °C in Luft):	○	6 h
	▲	8 h

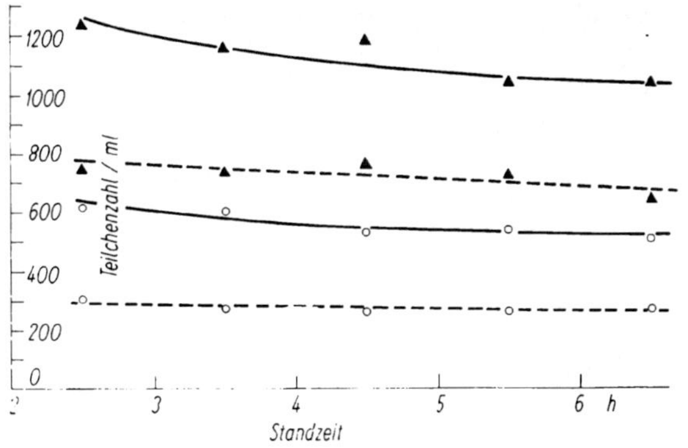

Bild 2. Abhängigkeit der Gelteilchenzahl von der Standzeit für 1%ige Lösungen von thermooxydativ geschädigtem Polycaprolactam in HCOOH/KCl

Geräteeinstellungen	———	DV 0/10
	- - - - -	DV 50/10
Schädigungsdauer (bei 180 °C in Luft):	○	6 h
	▲	8 h

50/10 pro ml); alle Meßwerte wurden entsprechend korrigiert. Stellt man die Meßeinrichtung auf Polystyrol-Schwellwerte $d > 5\ \mu m$ ein, dann stört feindispergiertes TiO_2 mattierter Polycaprolactamproben die Messungen nicht.

Die Zahl der kleineren Teilchen (Polystyrolschwellwerte $5\ \mu m < d < 50\ \mu m$) nimmt in beiden Lösungsmitteln deutlich mit der Standzeit der Lösungen ab, die Zahl der Teilchen größerer Durchmesser vermindert sich innerhalb der ersten 6 h von Lösebeginn an, insbesondere bei größeren Teilchenzahlen, erkennbar (Bild 1 und 2). Ähnliches wurde an Polyacrylnitrillösungen in Dimethylformamid/Ammoniumrhodanid beobachtet [6]. Diese Parallele, die Viskositätskonstanz unserer Lösungen und die Feststellung, daß die Teilchenzahl auch in Lösungen der geschädigten Polymeren in 98%iger HCOOH zwischen 2 und 20 h erheblich abnimmt, sprechen gegen hydrolytischen Abbau der kleinen Gelpartikel. Wir nehmen mit *B. Philipp* u. Mitarb. [6] an, daß kleinere Teilchen durch Vervollkommnung ihrer Solvatation verschwinden. Diese Solvatationsänderung tritt aber nur bei geschädigten Polymeren auf; die Teilchenzahl von unverzweigtem, nichtgeschädigtem Polycaprolactam bleibt z. B. in $HCOOH/H_2SO_4$ mit 28 ± 5 Teilchen/ml im Zeitraum von 2 bis 6 h nach Lösebeginn konstant (DV 0/10). Der erste Meßzeitpunkt in $HCOOH/H_2SO_4$ (bei DV 0/10) ist nicht nur am empfindlichsten zum Nachweis von Schädigungen, die Meßwerte bei dieser Einstellung sind auch hinreichend sicher, um Unterschiede in der Schädigung erkennen zu lassen (Tabelle 1).

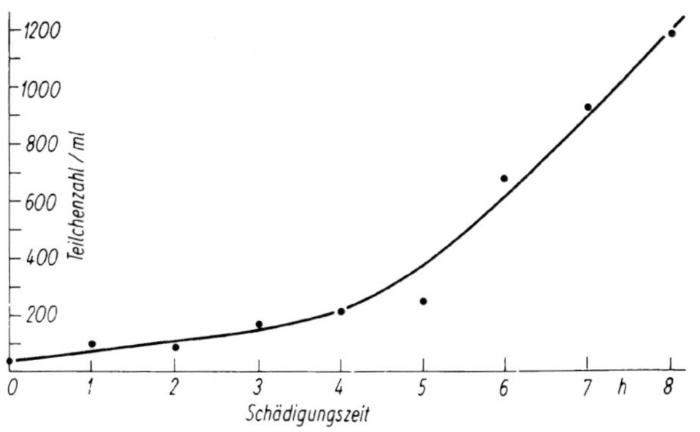

Bild 3. Abhängigkeit der Gelteilchenzahl in 1%igen Polyamidlösungen ($HCOOH/H_2SO_4$) zum Meßzeitpunkt 105 min von der Dauer der Lufteinwirkung auf granuliertes Polycaprolactam bei 200 °C (DV 0/10)

Tabelle 1. Fehlerbetrachtung zur Gelteilchenzahlbestimmung in 1%igen Lösungen von thermooxydativ (1 bis 7 h bei 200 °C in Luft) geschädigtem Polycaprolactam ($HCOOH/H_2SO_4$) Meßzeitpunkt 105 min; DV 0/10

10 Einzelmessungen an einer Lösung; Auswertung für 95%ige statistische Sicherheit

Probe	$\bar{x}$ [Teilchen/ml]	s [Teilchen/ml]	v [%]	q [Teilchen/ml]
1	56,6	6,79	12,00	4,89
2	136,0	13,43	9,88	9,70
3	162,0	7,94	4,90	5,72
4	980,2	24,42	2,49	18,80

Bild 3 zeigt das Ergebnis einer systematischen Teilchenzahlanalyse in $HCOOH/H_2SO_4$ bei DV 0/10, Meßzeitpunkt 105 min, an Polycaprolactamgranulat, das zwischen 1 und 8 h auf 200 °C erhitzt worden war.

Weitere systematische Untersuchungen über vernetzende Schädigungen von Polycaprolactam und Polyhexamethylenadipamid sind in Arbeit.

Wir danken Herrn Dr. *H. Schleicher*, Abt. Cellulosechemie des Instituts, für die Überlassung des Meßgerätes und der Eichteilchen. Herrn *B. Kraft* danken wir für experimentelle Mitarbeit.

Literatur

[1] *Harding, G. W.*, und *MacNulty, B. J.*: The embrittlement of polyamides: its mechanism and preventive treatment. SCI-Monograph **13** (1961) S. 392—412.
Kamerbeek, B., *Kroes, G. H.*, und *Grolle, W.*: Thermal degradation of some polyamides. SCI-Monograph **13** (1961) S. 357—391.

[2] *Schwemmer, M.*: Über den photochemischen Abbau von Polyamidfasern. Textil-Rdsch., St. Gallen **11** (1956) S. 1—15; 70—82; 131—136.
Förster, Th., *Bachmaier, F.*, *Muszik, J. A.*, und *Seidel, H. P.*: Untersuchungen zur Frage der Lichtschädigung von Polyamiden. Korrosion **16** (1964) S. 11—12.

[3] *Moore, R. F.*: The photochemical degradation of polyamides and related model N-alkylamides, Polymer, London **4** (1963) S. 493—513.
Stephenson, C. V., und *Wilcox, W. S.*: Ultraviolet irradiation of plastics. IV. Further studies of environmental effects of films and fibers. J. Polymer Sci., A—**1**: Polymer Chem. (1963) S. 2741—2752.

Stephenson, C. V., *Moses, B. C.*, *Burks jr., R. E.*, *Coburn jr., W. C.*, und *Wilcox, W. S.*: Ultraviolet irradiation of plastics. II. Crosslinking and scission. J. Polymer Sci. **55** (1961) S. 465–475.

Rafikov, S. R., und *Tsi-Pin, S.*: Chemische Umwandlung von Polymeren. V. Photochemische Umwandlung von Polycaproamid im Vakuum unter dem Einfluß von UV-Licht. Vysokomol. Soed. (Hochmol. Verbind.) **3** (1961) S. 56–65.

Rafikov, S. R., und *Tsi-Pin, S.*: Chemische Umwandlungen von Polymeren. VI. Einwirkung von UV-Strahlung auf Polyamide in Gegenwart von Sauerstoff und Wasserdampf. Vysokomol. Soed. (Hochmol. Verbind.) **4** (1962) S. 851–859.

[4] *Coulter, W. H.*: High speed automatic blood cell counter and cell size analyzer. Vortrag auf der National Electronics Conf., Chicago 1956.
Vgl. z. B. auch *Heidenreich, E.*: Zur Messung der Anzahl und Größe kleiner Feststoffteilchen im Subsiebbereich. Wiss. Z. TU Dresden **14** (1965) S. 1255–1264.

[5] *Treiber, E.*: Zur Kennzeichnung von Viskoselösungen. Die Bestimmung von Gelpartikeln in Viskose. Svensk Papperstidn. **61** (1958) S. 794–802.
Philipp, B., und *Schleicher, H.*: Zur Prüffiltration und Teilchenzählung in Viskosespinnlösungen. Faserforsch. u. Textiltechnik **15** (1964) S. 451–457; vgl. auch dort zitierte Literatur über Teilchenzählung in Viskoselösungen.

[6] *Philipp, B.*, *Lehmann, R.*, und *Zibell, W.*: Zur Verarbeitbarkeitsprüfung von Acrylnitrilpolymerisaten durch konduktometrische Teilchenzählung. Faserforsch. u. Textiltechnik **16** (1965) S. 577–582.

[7] *Franz, J.*, *Weissmann, L.*, und *Schröder, E.*: Zur Gelteilchenbestimmung in PVC-Lösungen. Plaste u. Kautschuk **14** (1967) S. 249–250.

Gerhard Reinisch, *Werner Jakob* und *Werner Jaeger*
Deutsche Akademie der Wissenschaften zu Berlin,
Institut für Faserstoff-Forschung in Teltow-Seehof

Eingegangen am 14. November 1968

Berichtigung

In der Arbeit

P. Fritzsche: Einfluß der Verteilung der relativen Molekülmassen auf die $[\eta]$-M-Beziehungen bei Polymeren. Faserforsch. u. Textiltechnik **19** (1968) 11, S. 505–508, sind folgende Berichtigungen vorzunehmen.

Auf S. 505, rechte Spalte, muß es am Ende der 9. Zeile

$$\langle M^{2/3} \rangle_n = \frac{I_{3/2}}{I_0} \text{ usw.}$$

und 4 Zeilen tiefer

$$n(P) = \frac{w(P)}{P} = K P^{x-1} e^{-y P^b}$$

heißen.

Neue Bücher

Testing of Polymers. Hgg. von *J. V. Schmitz* und *W. E. Brown*. Vol. 3. New York/London/Sydney: Interscience Publ./Wiley & Sons 1967. XI, 379 S. Lwd. 165 s.

Ebenso wie die früheren Bände 1 und 2 enthält Band 3 wiederum eine ganze Reihe voneinander unabhängiger Aufsätze, deren Inhalt für den Chemiefaserstoff- und Textil-Prüfer kurz wiedergegeben sei.

Im ersten Beitrag (14 Seiten) beschreiben *K. A. Kaufmann* und *J. H. Myers* „Einrichtungen für die Prüfung von Polymeren". Sie gehen dabei auf die Einteilung der Räume, die Anordnung der Prüfgeräte, das erforderliche Prüfpersonal, das Festhalten der ermittelten Prüfwerte und die Berichterstattung ein.

Den nicht unbedeutenden „Einfluß der Form und Vorbereitung der Prüflinge auf die Eigenschaften" behandelt *L. A. Cohen* (36 Seiten). Hierbei spielen die Geometrie der Prüflinge, deren thermische und mechanische Vorbehandlung und die sich daraus ergebende Kristallinität sowie die bei der maschinellen Herstellung, dem Schneiden und Bearbeiten zu berücksichtigenden Bedingungen eine Rolle.

Über „Spezielle Prüfverfahren für die Beurteilung der Temperatureinflüsse auf die physikalischen Eigenschaften und die Abmessungen" schreiben *P. I. Roth* und *P. Mahmoodi* auf 50 Seiten. Dabei gehen sie auf statische und dynamische Verfahren der Zug-, Druck-, Biege- und Torsionsprüfung sowie auf elektrische Meßverfahren (z. B. für dielektrische Eigenschaften, für Volumen- und Oberflächenwiderstand) ein. Weiter werden die Verfahren zur Bestimmung der Schmelz- und Erweichungstemperaturen und der thermischen Ausdehnung abgehandelt.

Im Abschnitt „Einführung in die Prüfung von Oberflächeneigenschaften" wird von *L. Boor* lediglich eine Übersicht über die für die Bestimmung der Abnutzungs-, Gebrauchswert- und Reibungseigenschaften, des Glanzes, des Aussehens und der Härte erschienenen Prüfstandards und die entsprechende Fachliteratur gegeben (10 Seiten).

D. I. Livinston berichtet auf 28 Seiten über die „Eindruckhärteprüfung". Er geht dabei auf alle für Kunststoff und Gummi üblichen Verfahren sowie auf die Zeit- und Temperaturabhängigkeit ein.

Im Abschnitt „Gebrauchswertprüfung" behandelt *F. M. Gavan* auf 63 Seiten zwar nur sehr kurz die Prüfung des Gebrauchsverhaltens in der Praxis oder unter Nachahmung der praktischen Beanspruchung, dafür aber sehr ausführlich eine große Anzahl verschiedener Scheuerprüfverfahren. Wegen der umfassenden Gerätebeschreibung ist dieser Abschnitt für den Textilprüfer wohl der wichtigste des gesamten Bandes 3.

Der „Berechnung des Reibungskontaktes von Polymeren" gilt das von *R. B. Lewis* geschriebene folgende Kapitel. Auf 17 Seiten geht er besonders auf die Bedeutung des Druckes und der Geschwindigkeit beim Reibungskontakt ein.

Die von *W. V. Smith* auf 24 Seiten beschriebenen „Gebrauchswert-Eigenschaften von Kunststoffen als Schiffs-Gleitlager" stellen ein Spezialgebiet dar.

Auf ein weiteres Sondergebiet, den „Kavitations-Erosions-Widerstand", gehen *C. K. Chatten* und *A. Thiruvengadam* auf 19 Seiten ein.

Die „Oberflächeneigenschaften von Kunststoffen für die Schallaufzeichnung" behandelt *A. M. Max* im folgenden Beitrag auf 31 Seiten. Dabei werden nicht nur bei der Herstellung von normalen und Stereo-Schallplatten zu beachtenden Bedingungen behandelt, sondern auch die im Material auftretenden Belastungen und die Oberflächenprüfung der fertigen Platten.

Eine umfangreiche Zusammenstellung „Ausgewählte Referenzen über Quellen von Standards und Prüfungen für Polymere" wird von *J. V. Schmitz* und *W. E. Brown* auf 44 Seiten gegeben. Dabei sind periodisch erscheinende Ausgaben (insbesondere Zeitschriften), Handbücher, Wörterbücher und Enzyklopädien aus aller Welt berücksichtigt worden.

Der Band 3 endet mit einer Zusammenstellung der in ihm verwendeten Kurzzeichen, einer Umrechnungstabelle von englischen in metrische Einheiten, einer Fehlerberichtigung für die Bände 1 und 2, einem Verfasserverzeichnis, einem Sachverzeichnis und einem alle drei Bände berücksichtigenden Verfasser- und Sachverzeichnis.

Ebenso wie die vorangegangenen beiden Bände enthält auch der Band 3 wieder eine Reihe von für den Chemiefaserstoff- und Textil-Prüffachmann wichtigen Beiträgen. Der Verlag war durchaus gut beraten, daß er die einzelnen Arbeiten der verschiedenen Verfasser jeweils in den nächstfolgenden Band aufnahm und nicht wartete, bis sie veralten, nur um eine sachlich gute Gliederung des gesamten Werkes zu erzielen.

F. Winkler

Dickstellen in Leinengarnen. I. II. Von *Adolf Funder, Hugo Griese* und *Harald Heim.* Forschungsberichte des Landes Nordrhein-Westfalen. Nr. 1951. Köln und Opladen: Westdeutscher Verlag 1968. 78 S., 24 Abb., 17 Tab. Kart. DM 40,90.

Für den ersten Teil der Arbeit „Kennzeichnung und Beurteilung von Dickstellen in Leinengarnen" zeichnet Dr.-Ing. *Adolf Funder* verantwortlich. Der zweite Teil „Erfassung und Beseitigung von Dickstellen in Leinengarnen" wurde von Text.-Ing. *Hugo Griese* und Text.-Ing. *Harald Heim* verfaßt.

Im Teil I wird zunächst die Dickstellengrenze definiert. Ausgehend von den Nachteilen, die eine Prüfmethode mit sich bringt, bei der die Dickstellengrenze nach der Garnungleichmäßigkeit bestimmt wird, schlägt der Autor vor, eine Garnverdickung als Dickstelle zu bezeichnen, wenn das Gewicht über dem zweifachen des mittleren Gewichts bzw. der Durchmesser über dem $\sqrt{2}$fachen des mittleren Durchmessers der betrachteten Garnstelle liegt.

Die typischen Erscheinungsformen von Dickstellen in Leinengarnen werden festgestellt und klassiert. Für die Dickstellenzählung werden die greifbaren Meßgeräte analysiert. Das Prüfgerät Elkometer wird für die weiteren Prüfungen ausgewählt und näher beschrieben. Dabei wird die Tastkopfeinstellung des Gerätes besonders ausführlich behandelt. In einer Untersuchungsreihe wurden an 40 Garnen (je 10 rohe Langflachsgarne, gebleichte Langflachsgarne, rohe Flachswerggarne und gebleichte Flachswerggarne) die Dickstellen bei fünf verschiedenen Tastkopfeinstellungen gezählt. Der Düsendurchmesser am Tastkopf entsprach dabei dem $\sqrt{2}$-, $\sqrt{3}$-, $\sqrt{4}$-, $\sqrt{5}$- und $\sqrt{6}$fachen des mittleren Garndurchmessers. Die Mehrzahl der Werggarne weist eine weit höhere Dickstellenanzahl auf als Langflachsgarne. Mit enger werdendem Düsenquerschnitt am Tastkopf steigen die Dickstellenzahlen progressiv an. Daraus folgt, daß ein Garn stets mehr kleinere als größere Verdickung enthält. Die Dickstellen werden in grobe und kleine sowie in solche, die durch Fremdkörper hervorgerufen wurden, eingeteilt.

Mit Hilfe des *F*-Testes wird die Varianzanalyse zur Auffindung von inhomogenem Material durchgeführt. Sowohl für homogenes als auch für inhomogenes Material werden die Formeln zur Errechnung der Mindestzahlen an zu zählenden Dickstellen und zu prüfenden Aufmachungseinheiten angegeben.

Als günstigste Variante erweist sich eine Tastkopfeinstellung, die dem $\sqrt{3}$fachen des mittleren Garndurchmessers entspricht. Auf der Grundlage der auf dem Markt befindlichen Leinengarne wurden Vergleichszahlen (Dickstellenzahl/10000 m Garnlänge) für die Qualitätseinstufung erstellt.

Im Teil II der Arbeit werden zunächst Aufgaben und Wesen der Garnreiniger in der Leinenindustrie dargelegt. Insgesamt sechs Reiniger mit mechanischer (Uster — MOOS, Schlafhorst-Superfekt, Sigel-Superior), optisch-elektronischer (Peyer-fil, Newmark-LINRA) und kapazitiv-elektronischer Wirkungsweise (Uster-Spectomatic) werden eingehend besprochen. Zur Untersuchung der Verwendbarkeit der genannten Reinigungssysteme wurde als Versuchsmaterial Flachsgarn Nm 18 (56 tex) eingesetzt. Der Test der Garnreiniger erfolgte mit einer Spulgeschwindigkeit von 330 m/min. Für jedes Reinigungssystem wurde die Dickstellenanzahl/100 kg bei vier verschiedenen Schlitzweiten ermittelt. Dabei zeigten sich bei den verschiedenen Reinigungssystemen prinzip- und konstruktionsbedingte Unterschiede der Dickstellenanzahl. Die Vor- und Nachteile der untersuchten Reiniger wurden in objektiver und ausführlicher Weise dargelegt.

Das Buch stellt einen wesentlichen Beitrag zur Dickstellenzählung und Garnreinigung dar und ist nicht nur für die Belange der Leinenindustrie von Bedeutung.

H. Fuchs

Wissensspeicher für Technologen. Mathematik, Physik, Chemie. Hgg. von *M. Beckert.* Leipzig: Fachbuchverlag 1967. 578 S. mit 150 Bild. Kunstl. M 24,—.

Der vorliegende Band ist der erste einer Reihe, die für den Technologen mathematisch-naturwissenschaftliche Grundlagen und Wissensstoff der Leichtindustrie bereithalten soll. Als Mitarbeiter sind *W. Burkhardt, K. Manteuffel* und *H. Müller* genannt. Das Werk ist kein Lehrbuch; es werden ausreichende Grundkenntnisse auf den genannten Gebieten vorausgesetzt.

Im Teil „Mathematik" (187 S.) sind zunächst mathematische Zeichen und Symbole der mathematischen Statistik, weitgehend gestützt auf entsprechende Standards, vorangestellt. Dem Aufbau des Zahlensystems und Rechengesetzen folgen lineare Gleichungssysteme, Formeln der Trigonometrie und Grundlagen der Geometrie, geordnet nach analytischer Geometrie, Stereometrie und darstellender Geometrie. Verhältnismäßig ausführlich wird auch auf das Rechnen mit dem Rechenstab und auf nomografische Methoden eingegangen. Dem Charakter eines Nachschlagewerkes entsprechend beschränken sich die textlichen Erläuterungen auf das unbedingt Nötige. Formeln beziehungsweise grafische Darstellungen sprechen für sich. Das gilt auch für die folgenden Abschnitte Differential- und Integralrechnung sowie deren Anwendungen. Der letzte Abschnitt „Statistik" umfaßt neben dem mathematischen Rüstzeug auch Methoden der statistischen Qualitätskontrolle (Kontrollkarten, Stichprobenpläne).

Das Bild des Teils „Physik" (96 S.) ist im wesentlichen durch Tabellen, die Stoffkonstanten enthalten, geprägt. Beispielsweise findet man im Abschnitt „Mechanik" nach Einheitentabellen Zahlen über Dichten, Elastizitätsmodulen, Härte, Kompressibilität von Flüssigkeiten, Reibungszahlen, Viskositäten, Oberflächenspannung und Diffusion. Sinngemäß sind die Abschnitte Akustik, Wärme, Elektrik, Optik und Atom- und Kernphysik aufgebaut. Vorangestellte Texte sind meist Definitionen. Dem Ziel des Buches, Wissensspeicher zu sein, wird in diesem Teil nicht ausreichend entsprochen, denn das Wissen des Technologen kann sich in Physik nicht auf Stoffkonstanten beschränken. Physikalische Gesetze und deren Zusammenhänge, z. B. aus der Mechanik, der Wärmelehre, der Elektrik u. a., findet man leider kaum.

Günstiger ist diesbezüglich der Teil „Chemie" (267 S.) zu beurteilen, dem vier Hauptabschnitte zugrunde liegen. Unter „Allgemeine und physikalische Chemie" findet man u. a. chemische Gesetzmäßigkeiten durch Wort und Formel erläutert. Der gesamte übrige Teil Chemie besteht wiederum aus Tabellen. Den Dichten von Lösungen und „Werkstoffen "(?) folgen Dampfdrücke, Viskositäten, Oberflächen- und Grenzflächenspannungen, Löslichkeiten und kalorische Tabellen. Der Hauptabschnitt „Anorganische Chemie" enthält tabellarisch Angaben über Eigenschaften und Verwendungen von wichtigen Elementen und anorganischen Verbindungen sowie qualitative Nachweisreaktionen. Unter „Organische Chemie" sind auf einer 111 Seiten umfassenden Tabelle 912 organische Verbindungen in alphabetischer Ordnung erfaßt und deren Strukturformel, Summenformel, relative Molekülmasse, Schmelz- und Siedepunkt, Dichte, Brechungsindex und Bemerkungen zur Löslichkeit aufgeführt. Eine nachfolgende Tafel mit Trivialnamen schafft über Leitzahlen die Beziehung zu den entsprechenden Verbindungen.

Übersichtliche, ausführliche Gliederungen und Inhaltsverzeichnisse am Anfang jeden Teils gewährleisten, daß der Leser den gewünschten Stoff jeweils leicht findet, so daß der Wissensspeicher — trotz angedeuteter Einschränkung — seine Aufgabe bestens erfüllen kann. *H. Martin*

Elektronenmikroskopische Untersuchungs- und Präparationsmethoden. Von *Ludwig Reimer.* 2 erw. Auflage. Berlin/Heidelberg/New York: Springer 1967. XII, 598 S., 247 Abb. Lwd. DM 98,—.

Die zweite Auflage dieses Buches hat sich gegenüber der ersten von 1959 von 300 Seiten auf ca. 600 Seiten erhöht, also gerade verdoppelt. Damit kommt schon äußerlich die zunehmende Bedeutung des im Buch behandelten Themas zum Ausdruck. Es liegt dabei nicht nur eine einfache Erweiterung, sondern eine teilweise vollständige Neubearbeitung vor.

Das Buch gliedert sich in etwa zwei gleich große Teile über Untersuchungsmethoden und Präparationsmethoden. Der erste Teil enthält die wesentlich erweiterten Abschnitte „Elektronenoptische Grundlagen" (41 Seiten) sowie „Prinzipieller Aufbau" (12 Seiten) des Durchstrahlungsmikroskopes. Als nächstes folgen Angaben zu anderen Abbildungsverfahren (Reflexions-, Emissions-, Auflicht- und Rastermikroskopie sowie Röntgen-Mikroanalyse: 12 Seiten) und zur „Messung wichtiger Konstanten" (10 Seiten).

Die Abschnitte „Elektronenbeugung" (56 Seiten) und „Bildkontrast" in kristallinen Objekten" (32 Seiten) sind besonders im Hinblick auf die zunehmenden Untersuchungen an Metallfolien und Kristallbaufehlern ebenfalls stark erweitert worden. Diese Abschnitte, wie auch der Teil „Bildkontrast in amorphen Objekten" (31 Seiten) dürften aber auch für die Untersuchung von Polymeren wachsende Bedeutung erlangen, nachdem es vor kurzem gelungen ist, mittels Moiré-Effekten Baufehler in Polymereinkristallen nachzuweisen.

Im ersten Teil sind noch folgende Abschnitte enthalten: „Phasenkontrast und verwandte Probleme" (17 Seiten), „Präparatveränderungen unter Elektronenbestrahlung" (22 Seiten), „Bildaufzeichnung und Intensitätsmessungen" (17 Seiten), „Ermittlung der dritten Dimension von elektronenmikroskopischen Präparaten" (16 Seiten) und „Abbildung magnetischer und elektrischer Objektfelder" (8 Seiten).

Der zweite Teil über Präparationsmethoden enthält die Abschnitte: „Objektblenden und Trägernetze" (6 Seiten), „Grundlagen der Hochvakuum- und Aufdampftechnik" (28 Seiten), „Herstellung und Eigenschaften von Trägerfolien" (13 Seiten), „Oberflächenabdrücke" (42 Seiten), „Herstellung durchstrahlbarer Folien aus Metallen und anderen Kristallen" (20 Seiten), „Präparation von Pulvern, Suspensionen, Stäuben und Aerosolen" (15 Seiten), „Gewebefixation" (43 Seiten), „Kontrastierung und histochemische Methoden" (26 Seiten), „Einbettung" (22 Seiten), „Ultramikrotomie" (26 Seiten), „Präparation organischer Teilchen (Fraktionen, Homogenisate, Bakterien, Phagen und Viren)" (29 Seiten) und „Autoradiographie" (12 Seiten).

Insgesamt sind in diesem Buch etwa 1700 Literaturstellen zitiert, die sich themenbezogen jeweils am Ende der einzelnen Abschnitte befinden. Am Schluß des Buches sind noch eine Zusammenfassung der Monographien über Elektronenmikroskopie, ein Bezugsquellennachweis sowie sehr ausführliche Namen- und Sachverzeichnisse zu finden.

Zusammenfassend läßt sich sagen, daß die 2. Auflage des „Reimer" in noch stärkerem Maß *das* Standardwerk für jeden Elektronenmikroskopiker darstellen dürfte.

Ch. Ruscher

Patentschau

Auszug aus Lieferung 17/18 und 19/20/1968 der Patentschau „Faserstoffe und Textiltechnik", Ausgabe A: Faserstoffe einschl. Kunststoffe und organ. Grundsubstanzen, zusammengestellt von der Abteilung Wissenschaftliches Berichtswesen des Instituts für Faserstoff-Forschung der DAW, 153 Teltow-Seehof, Kantstr. 55

Die Patentschau ist nach der deutschen Patentklasseneinteilung gegliedert. Es bedeuten: DDP = DDR-Patent; DBP = Deutsches Bundespatent; DAS = (West)-Deutsche Auslegeschrift; OeP = Österreichisches Patent; PoP = Polnisches Patent; SzP = Schweizer Patent; FrP = Französisches Patent; GBP = Britisches Patent; JaP = Japanisches Patent; SvP = Schwedisches Patent; SUP = Sowjetisches Patent; ČSP = Tschechoslowakisches Patent; USP = Amerikanisches Patent; A = Anmeldedatum, B = Tag der Ausgabe der Patent- bzw. Auslegeschrift.

Klasse 12o, 6. Synthetische Derivate der Kohlenhydrate u. dgl., z. B. Celluloseester, auch Viskose

DDP 62318. Verfahren zur Herstellung von Zellulosetriacetat. Erf. u. Inh.: *Kurt Thinius*, Leipzig, u. *Werner Saupe*, *Eilenburg*. A. 4. 1. 67, B. 20. 6. 68. Kl.: 12o, 6. A.-Z.: WP 120/121972.

DAS 1268607. Verfahren zur Herstellung von cyclischen Diacetalen bzw. Diketalen von Monosacchariden. Erf.: *Heinz Dohm*, *Joachim Nentwig* u. *Hermann Schnell*. Anm.: Farbenfabriken Bayer AG, 5090 Leverkusen. A. 6. 4. 59, B. 22. 5. 68. Kl.: 12o, 6. (12o, 25 u. 12q, 25). A.-Z.: P 1268607. 6—42.

SvP 212110. Verfahren zur Erhöhung der Viskosität von wasserlöslicher Hydroxyäthylcellulose. Erf.: *S. Lindenfors*. Inh.: Mo och Domsjö AB, Örnsköldsvik. A. 31. 5. 60, B. 11. 4. 67. Kl.: 39b, 12/01.

USP 3385845. Verfahren und Vorrichtung zur Xanthogenierung von Alkalicellulose. Erf.: *Erich Emmerich Treiber*. Inh.: Sunds Verkstäder AB, Sundsbruk (Sv). A. 5. 4. 63, B. 28. 5. 68. Kl.: 260—217. 2 Anspr. A.-Z.: 271024. Prior.: 19. 4. 62 (Sv; A.-Z.: 4454/62). Entspr. SzP 427766 u. GBP 1040905.

12o, 14. Aromatische Carbonsäuren und Harzsäuren (teilweise)

USP 3364256. Verfahren zur Herstellung von Terephthalsäure hoher Reinheit. Erf.: *Yataro Ishikawa*, *Nobuo Suzuki* u. *Michiyuki Tokushiki*. Inh.: Teijin Ltd., Osaka (Ja). A. 31. 8. 65, B. 16. 1. 68. Kl.: 260—525. 2 Anspr. A.-Z.: 484100. Prior.: 9. 9. 64 u. 25. 9. 64 (Ja; A.-Z.: 39/51554 u. 39/55007). Entspr. FrP 1456805.

USP 3388156 Zus. z. Pat. m. A.-Z.: 122114. A. 6. 7. 61. Verfahren zur Gewinnung von Roh-Terephthalsäure. Erf.: *Ryoichi Sakurai* u. *Shozaburo Nagano*. Inh.: Teijin Ltd., Osaka (Ja). A. 24. 2. 66, B. 11. 6. 68. Kl.: 260—525. 6 Anspr. A.-Z.: 529644.

Klasse 12o, 21. Carbonsäuren mit ungesättigter Atomkette, z. B. Zimtsäure (teilweise)

SUP 218163 (Urheberschein). Verfahren zur Herstellung von Methacrylsäureamidoestern. Erf. u. Anm.: *M. A. Koršunor*, *F. N. Bodnarjuk*, *V. S. Michlin*, *V. E. Lazarjanc* u. *V. M. Melechor*, A. 20. 1. 67, B. 17. 5. 68. Kl.: 12o, 21. A.-Z.: 1127530/23—4.

USP 3392187. Verfahren zur Herstellung von Methacrylnitril und Acrylnitril durch katalytische Ammonoxydation von Isobutylen und Propylen. Erf.: *Jamal S. Eden*. Inh.: The B. F. Goodrich Co., New York, N. Y. A. 30. 8. 65, B. 9. 7. 68. Kl.: 260—465,3. 12 Anspr. A.-Z.: 483794.

USP 3392188. Verfahren zur Herstellung von Methacrylnitril und Acrylnitril durch katalytische Ammonoxydation von Isobutylen und Propylen. Erf.: *Jamals S. Eden*. Inh.: The B. F. Goodrich Co., New York, N. Y. A. 30. 8. 65, B. 9. 7. 68. Kl.: 260—465/3. 9 Anspr. A.-Z.: 483795. Entspr. FrP 90784.

Klasse 12p, 5. Stickstoffringe der heterocyclischen Reihe mit einem Stickstoffatom. Sonstige Ringe mit einem Stickstoffatom . . .; Lactame . . . (teilweise)

DDP 61801. Verfahren zur Herstellung von ε-Caprolactam. Erf. u. Inh.: *Roland Ohme*, *Ernst Schmitz* u. *Christel Gründemann*. A. 1. 7. 66, B. 20. 5. 68. Kl.: 12p, 5. A.-Z.: WP 12p/118486.

JaP 6217/68. Reinigung wasserunlöslicher Lactame. Inh.: Toyo Rayon Co. A.-Z.: 37590/65.

JaP 7997/68. Bestimmung von ε-Caprolactam. Inh.: Toyo Rayon Co. Ltd. A. 3. 6. 64, B. 27. 3. 68. A.-Z.: 31136/64.

OeP 266809. Verfahren zur Herstellung von ε-Caprolactam. Inh.: Stamicarbon N. V., Heerlen (Nd.) A. 1. 2. 66, B. 15. 3. 68. Kl.: $12c_1$, 14. A.-Z.: 894/66. Prior.: 3. 2. 65 (Nd).

SzP 460019. Verfahren zur Herstellung von ω-Laurinolactam. Erf.: *Johan Willem Garritsen*. Inh.: Stamicarbon N. V., van der Maesenstraat 2, Heerlen (Nd). A. 16. 2. 66. Kl.: 12p, 5. A.-Z.: 2225/66. Prior.: 17. 2. 65 (Nd; A.-Z.: 6501941).

FrP 1526271. Verfahren zur Herstellung von Lactamen. Erf.: *S. Matache*. Inh.: Ministerul Industriei Chimice. A. 13. 4. 67, B. 24. 5. 68. Int. Kl.: C 07d. A.-Z.: 102625.

USP 3391137. Verfahren zur Herstellung von ω-Lactamen. Erf.: *Johan A. Bigot* u. *Pieter L. Kerkhoffs*. Inh.: Stamicarbon N. V., Heerlen (Nd). A. 10. 6. 65, B. 2. 7. 68. Kl.: 260—239,3. 8 Ansrp. A.-Z.: 463019. Prior.: 13. 6. 64 (Nd.; A.-Z.: 6406749). Entspr. SzP 443308 u. FrP 1438705.

Klasse 29a. Mechanische Gewinnung von Gespinstfasern

USP 3363286. Verfahren und Vorrichtung zum Kontrollieren des Feuchtigkeitsgehalts von natürlichen Fasern beim Reinigen und Entkörnen. Erf.: *Howard A. Scott* u. *Ernest Bergman*. Inh.: Howard A. Scott, Fresno, Calif. A. 29. 3. 65, B. 16. 1. 68. Kl.: 19—66. 9 Anspr. A.-Z.: 443392.

USP 3392424. Baumwoll-Entkörnungssystem mit automatischer Konditionierung für die samenhaltige Baumwolle. Erf.: *Gino J. Mangialardi* r., *Anselm C. Griffin*, jr. *Vernon P. Moore*. Inh.: United States of America, Secretary of Agriculture. A. 10. 6. 66, B. 16. 7. 68. Kl.: 19—66. 3 Anspr. A.-Z.: 556704.

FrP 1531641 (Aj.). Maschine zum Öffnen der Strohbündel und zum Ausbreiten ihrer Stengel. Erf.: *J. Prunier*. Inh.: Association Technique pour la Production et l'Utilisation du Lin et Autres Fibres Liberiennes „A.T.P.U.L." A. 24. 5. 67, B. 23. 7. 68. Int. Kl.: D 01b. A.-Z.: 107685.

USP 3389428. Vorrichtung zur Naßextrusion von Lösungen Vinylchloridpolymerer mit hohem Syndiotaktizitätsgrad. Erf.: *Francesco Denti* u. *Vittorio Rocco Viscontini*. Inh.: Chalillon Società An. Italiana perrle Fibre Tessili Artificiali S. p. A., Mailand (It). A. 24. 9. 63, B. 25. 6. 68. Kl.: 18—8. 1 Anspr. A.-Z.: 310992. Prior.: 27. 9. 62 (It; A.-Z.: 19068/62). Entspr. FrP 1369805.

JaP 7410/68. Vorrichtung zur Herstellung eines Faserstoffes durch Sprühen. Inh.: Kurashiki Spinning Co., Ltd. A. 31. 3. 64, B. 21. 3. 68. Kl.: 42A.

DDP 61839. Mehrkomponentenfäden und -fasern mit hohem Bauscheffekt. Erf. u. Inh.: *Helmut Kern*. A. 18. 3. 67, B. 20. 5. 68. Kl.: 29a, 6/04. A.-Z.: WP 29a/123449.

GBP 1120872. Verfahren zur Herstellung von Fasern aus Filmen. Inh.: Shell Internationale Research Maatschappij N. V. A. 14. 2. 67, B. 24. 7. 68. Kl.: B 5, B, Int. Kl.: D 01f 7/02. A.-Z.: 6928/67. Prior.: 16. 2. 66 (Nd; A.-Z.: 6601968). Entspr. SzP 448363 u. FrP 1511362.

GBP 1121074. Verfahren zur Herstellung von Fasern aus Viskoseseide. Inh.: Glanzstoff AG. A. 30. 7. 65, B. 24. 7. 68. Kl.: B5. B, Int. Kl.: D 01f 3/14. A.-Z.: 32738/65. Prior.: 31. 7. 64 (DB; A.-Z.: V 26491, DAS 1259499. Entspr. SzP 443556 u. FrP 1442701.

DAS 1268778. Verfahren zum Heißverstrecken von Fäden. Erf.: *Walter Maier* u. *Kurt Bernklau*. Anm.: Farbenfabriken Bayer AG, 5090 Leverkusen. A. 26. 7. 57, B. 22. 5. 68. Kl.: 29a, 6/06. A.-Z.: P 1268778. 4—26.

DAS 1269766. Verfahren zum Aufspreizen von Fadenkabeln. Erf.: *Gentaro Niina*, *Yoshiyuki Sasaki* u. *Masayuki Takahashi*. Anm.: Teijin Ltd., Osaka (Ja). A. 30. 10. 64, B. 6. 6. 68. Kl.: 29a, 6/06. A.-Z.: P P 1269766. 4 bis 26. Prior.: 5. 11. 63 u. 5. 3. 64 (Ja; A.-Z.: 59852 u. 17789). Entspr. SzP 431807.

FrP 1524768. Verfahren und Vorrichtung zur Herstellung eines synthetischen Textilfadens mit schwankendem Titer und so hergestellter Faden. Erf.: *G. Faraci* u. *T. Milan.* Inh.: Bemberg S. p. A. A. 29. 5. 67, B. 10. 5. 68. Int. Kl.: D 02g u. D 02j. A.-Z.: 108234. Prior.: 3. 6. 66 (It; A.-Z.: 12683/66).

FrP 1530283. Verfahren zur Herstellung von Effekt-Fäden und -Faserstoffen aus mehreren Komponenten. Inh.: VEB Chemiefaserwerk Schwarza „Wilhelm Pieck". A. 5. 7. 67, B. 11. 7. 68. Int. Kl.: D 01d. A.-Z.: 113196.

GBP 1121118. Polyfile Stretch-Seide. Inh.: Snia Viscosa Soc. Nazionale Industria Applicazioni Viscosa. A. 13. 12. 65, B. 24. 7. 68. Kl.: D 1. W, Int. Kl.: D 02g 3/00. A.-Z.: 52761/65. Prior.: 21. 12. 64 (It; A.-Z.: 27038). Entspr. FrP 1473946.

JaP 5178/68. Konjugierte Fäden. Inh.: Toyo Rayon Co. Ltd. A. 28. 9. 65, B. 26. 2. 68. A.-Z.: 58405/65.

USP 3387326. Vorrichtung zum Aufladen und Ausbreiten einer endlosen Bahn. Erf.: *Herbert John Hollberg* u. *John Edward Owens.* Inh.: E. I. du Pont de Nemours and Co., Wilmington, Del. A. 4. 6. 64, B. 11. 6. 68. Kl.: 18 – 8. 3 Anspr. A.-Z.: 372623.

USP 3388194. Verfahren zur Herstellung von Mikrofasern. Erf.: *John Vinicki.* Inh.: Monsanto Co., St. Louis, Mo. A. 21. 11. 66. B. 11. 6. 68. Kl.: 264 – 6. 1 Anspr. A.-Z.: 595972 (ausgesch. aus Pat. m. A.-Z.: 46499. A. 7. 12. 64). A.-Z.: 416499 entspr. FrP 1457150 u. GBP 1096640.

OeP 266293. Elastisches Multifilamentgarn und Verfahren zu dessen Herstellung. Inh.: N. V. Onderzoekingsinstitut Research, Arnhem (Nd). A. 7. 4. 65, B. 15. 2. 68. Kl.: 25a, 7/08. A.-Z.: 3192/65. Prior.: 8. 4. 64 (Nd).

FrP 1517661 (Aj.). Behandlungsvorrichtung für textile Fasern auf nassem Wege. Erf.: *R. Conti.* Inh.: Société d'Etude et de Recherches Textiles Sertex. A. 16. 3. 62, B. 22. 3. 68. Int. Kl.: D 01c u. B 05c. A.-Z.: 891285.

FrP 1525497. Verfahren und Vorrichtung zur Behandlung eines aus mehreren Einzelfäden gebildeten Fadenbündels mit einem Gasstrahl. Erf.: *G. Farace* u. *G. Cerutti.* Inh.: Bemberg S. p. A. A. 1. 6. 67, B. 17. 5. 68. Int. Kl.: D 02j. A.-Z.: 108702. Prior.: 13. 6. 66 (It; A.-Z.: 13401/66).

GBP 1112891. Verfahren und eine Vorrichtung zum Abkühlen einer Filmbahn oder eines Fadenkabels, das ein thermoplastisches Material und einen Weichmacher dafür enthält. Inh.: Nederlandse Extrusie Maatschappij N. V. A. 12. 4. 65, B. 8. 5. 68. Kl.: B 5. B. Int. Kl.: B 29d 7/22. A.-Z.: 15357/65. Prior.: 24. 4. 64 (Nd; A.-Z.: 6404550 u. 6404551).

JaP 8981/68. Gezwirnter Elastomerfaserstoff. Inh.: Nippon Rayon Co. Ltd. A. 22. 5. 64, B. 11. 4. 68. Kl.: 42D.

SUP 218369 (Urheberschein). Maschine zur Herstellung von Viskosefaserstoff. Erf.: *Ju. N. Čemisov, L. A. Čemisova, V. I. Nesvižkij, O. V. Trjaskin, M. I. Afanas'ev, O. A. Kremnev, V. R. Borovskij, A. S. Čavdarov, A. L. Satanovskij* u. *V. G. Novickij* Anm.: Vsesojuznyj naučno-issledovatel'skij institut legkogo i tekstil'nogo mašinostroenija. A. 1. 12. 66, B. 17. 5. 68. Kl.: 29a, 6/07. A.-Z.: 115448/28 – 12.

USP 3382555. Fadenerhitzer. Erf.: *John Pfeifer Smhots*, jr. Inh.: E. I. du Pont de Nemours and Co., Wilmington, Del. A. 27. 10. 65, B. 14. 5. 68. Kl.: 28 – 62. 5 Anspr. A.-Z.: 505325.

USP 3388025. Vorrichtung zur Herstellung eines flachen, schmalen Streifens von parallel miteinander verbundenen Fäden. Erf.: *Oswald A. Drica-Minieris* u. *Robert L. Gardner.* Inh.: Monsanto Co. A. 16. 1. 63, B. 11. 6. 68. Kl.: 156 – 441. 1 Anspr. A.-Z.: 251879. Entspr. FrP 1380099.

GBP 1116679. Spinnvorrichtung zur Herstellung synthetischer Fäden. Inh.: Algemene Kunstzijde Unie N. V. A. 28. 4. 67, B. 12. 6. 68. Kl.: B 5. B. Int. Kl.: D 01d 3/00. A.-Z.: 19692/61. Prior.: 28. 4. 66 (Nd; A.-Z.: 6605678). Entspr. FrP 1520059.

JaP 6093/68. Verteilerkasten. Inh.: Teijin Co. Ltd. A .1. 12. 64, B. 6. 3. 68. A.-Z.: 67602/64.

JaP 7416/68. Spinndüse. Inh.: Toho Veslon Co. Ltd. A. 8. 9. 65, B. 21. 3. 68. A.-Z.: 54609/65.

USP 3381336. Extruderkopfsystem zum Schmelzspinnen. Erf.. u. Inh.: Stanley C. Wells, Rattle Hill Road, Southampton, Mass. 01073. A. 20. 6. 66, B. 7. 5. 68. Kl.: 18 – 8. 8 Anspr. A.-Z.: 558858.

USP 3393262. Entfernung von Gelen und kleinen Teilchen aus Viskose. Erf.: *Donald F. Durso* u. *John Ronald Goode*, jr. Inh.: The Buckeye Cellulose Corp., Cincinnati, Ohio. A. 7. 7. 65, B. 16. 7. 68. Kl.: 264 – 188. 16 Anspr. A.-Z.: 470056. Entspr. FrP 1486152 u. GBP 1111914.

OeP 266294. Verfahren und Vorrichtung zum Kräuseln von laufenden Fäden oder Garnen aus thermoplastischem Material. Inh.: N. V. Onderzoekingsinstituut Research, Arnhem (Nd). A. 15. 11. 65, B. 15. 2. 68. Kl.: 29a, 7/08. A.-Z.: 10633/65. Prior.: 26. 11. 64 (Nd).

SzP 459453. Drehröhrchen für Falschdrallvorrichtungen. Erf.: *Josef Raschle.* Inh.: Heberlein & Co. AG, Wattwil. A. 1. 3. 68. Kl.: 29a, 6/20. A.-Z.: 3149/68.

JaP 7421/68. Kräuseln von Fäden. Inh.: Mitsubishi Rayon Co. Ltd. A. 8. 5. 65, B. 21. 3. 68. A.-Z.: 2880/65.

SUP 218370 (Urheberschein). Vorrichtung zur Auftrennung eines Kunstfaserkabels in Stränge. Erf.: *C. P. Livinskij, L. S. Smirnov* u. *A. Ja. Kolomiec.* Anm.: Naučno-issledovatel'skij institut po pererabotke iskusstvennych i sintetičeskich volokon. A. 14. 3. 66, B. 17. 5. 68. Kl.: 29a, 6/20 (29a, 7). A.-Z.: 1064713/28 – 12.

SUP 221894 (Urheberschein). Maschine zur Herstellung von Texturnoppenfäden. Erf.: *B. A. Gulij*, A. 14. 2. 67, B. 17. 7. 68. Kl.: 29a, 6/20. A.-Z.: 1133227/28 – 12.

USP 3382658. Vorrichtung zur Herstellung texturierter Seiden. Erf.: *Euell K. McIntosh* u. *Paul T. Howse*, jr. Inh.: Monsanto Co. A. 16. 5. 67, B. 14. 5. 68. Kl.: 57 – 34. 4 Anspr. A.-Z.: 638978. (ausgesch. aus USP 3343364. A. 26. 1. 65. A.-Z.: 428088). Vgl. auch USP 3343364.

USP 3388031. Texturierte und texturierbare Vinylchloridseiden und -fasern. Erf.: *Corrado Mazzolini, Francesco Denti* u. *Romano Curti.* Inh.: Chatillon Società Anonima Italiana per le Fibre Tessili Artificiali S. p. A., Mailand (It). A. 7. 12. 64, B. 11. 6. 68. Kl.: 161 – 173. 15 Anspr. A.-Z.: 416591. Prior.: 12. 12. 63 (It; A.-Z.: 25490/63). Entspr. DDP 53379, FrP 1416839 u. GBP 1040879.

DDP 62641. Verfahren und Vorrichtung zur Vermeidung von Ausgleichsströmungen in Spinnschächten. Erf. u. Inh.: *Dietrich Thiem*, Rudolstadt-Schwarza, *Erich Mewes*, Sundremda über Rudolstadt u. *Manfred Luxa*, Rudolstadt. A. 21. 1. 67, B. 5. 7. 68. Kl. 29a, 6/31. A.-Z.: WP 29a/122248.

JaP 8973/68. Verfahren zum Schmelzspinnen unter Anwendung von Ultraschall. Inh.: Kimura Entetsu Chem. Mach. Ltd., u. Supersonic Ind. Co. Ltd. A. 5. 3. 65, B. 11. 4. 68. A.-Z.: 12918/65.

SUP 221895 (Urheberschein). Schmelzrost zur Spinnmaschine für Synthesefaserstoffe. Erf.: *S. A. Svirid, N. F. Kločko, V. A. Semiletov, Ju. A. Černyšov B. P. Levickij.* Anm.: Vsesojuznyj naučno-issledovatel'skij institut mašin dlja proizvodstva sintetičeskich volokon. A. 24. 3. 67, B. 17. 7. 78. Kl.: 29a, 6/31. A.-Z.: 1143271/28 – 12.

JaP 10169/68. Vorrichtung zur Entfernung von um eine Walze gewickelten Fäden. Inh.: Mitsubishi Ravor Co. Ltd. A. 4. 2. 64, B. 26. 4. 68. Kl.: 42A.

Klasse 29b. Chemische Gewinnung bzw. Herstellung von Spinnfasern und Fäden sowie ihre Präparation für die textile Weiterverarbeitung

DAS 1266923. Verfahren zur Herstellung von kristallinen Polycarbonatfäden oder -folien. Erf.: *Harry Kubitzek, Alfred Reichle* u. von *Béla Falkai.* Anm.: Farbenfabriken Bayer AG, 5090 Leverkusen. A. 10. 10. 64, B. 25. 4. 68. Kl.: 29b, 3/60. A.-Z.: F 44193 IVc/29b. Entspr. FrP 1449440 u. GBP 1079585.

FrP 1525550. Verfahren zur Entfernung von Gasen aus Schwefelsäure enthaltenden Bädern zur Behandlung von Viskose. Inh.: VEB Filmfabrik Wolfen. A. 1. 6. 67, B. 17. 5. 68. Int. Kl.: D 01f. A.-Z.: 108814.

GBP 1115655. Abtrennen von Ionen. Inh.: Metallgesellschaft AG. A. 23. 9. 65, B. 29. 5. 68. Kl.: C 1. A. Int. Kl.: B 01j 1/04. A.-Z.: 40660/65.

USP 3364290. Herstellung von Viskoseseide hoher Festigkeit. Erf.: *Geert Antema, Tietso, Kuipers, Johannes J. M. Mulderink.* Inh.: American Enka Corp., Enka, N. C. A. 25. 10. 63, B. 16. 1. 68. Kl.: 264 – 191. 7 Anspr. A.-Z.: 318838. Prior.: 30. 10. 62 (Nd; A.-Z.: 284888). Entspr. SzP 421373, FrP 1371724 u. BGP 991156.

GBP 11150002. Zurückgewinnung verbrauchter Fällbäder des Viskoseverfahrens. Inh.: Courtaulds Ltd. A. 8. 9. 64, B. 22. 5. 68. Kl.: B 5. B. Int. Kl.: D 01f 3/30. A.-Z.: 36701/64. Entspr. FrP 1446621.

JaP 7424/68. Rückgewinnung von Zinksulfat. Inh.: Organo Co. Ltd., u. Toyo Rayon Co. Ltd. A. 1. 7. 60, B. 21. 3. 68.

SUP 219073. Verfahren zur Herstellung von Regeneratcellulosefaserstoff. Erf.: *L. S. Bolotnikova, N. G. Bel'nikevič, T. I. Samsonova, S. N. Danilov* u. *S. Ja. Frenkel'.* Anm.: Institut vysokomolekuljarnych soedinenij AN SSSR. A. 23. 2. 67, B. 30. 5. 68. Kl.: 29b, 3/30. A.-Z.: 1136179/23 – 5.

DAS 1266973. Herstellen von Formkörpern aus linearen Polyestern durch Verformen aus der Schmelze. Erf.: *Paul-Friedrich Förster, Herbert Kurzke, Helmit Sattler* u. *Günter Schnock.* Anm.: Farbwerke Hoechst AG vorm. Meister Lucius & Brüning, 6000 Frankfurt. A. 16. 9. 65, B. 25. 4. 68. Kl.: 39b, 22/10. A.-Z.: F 47205 IVc/39b. Entspr. FrP 1493231 u. GBP 1116769.

DAS 1267782. Verfahren zur Herstellung von hochelastischen Fäden und Folien. Erf.: *Harald Oertel, Heinrich Rinke* u. *Wilhelm Thoma.* Anm,: Farbenfabriken Bayer AG, 5090 Leverkusen. A. 17.7. 62, B. 9. 5. 68. Kl.: 29b, 3/60 (39b, 22/04). A.-Z.: P 1267782.6 – 43 (F 36297). Entspr. FrP 1353195 u. GBP 978673.

FrP 1518358. Herstellung von zusammengesetzten Fäden aus Polyamiden mit verbesserter Kräuselfähigkeit. Erf.: *S. Ando, Y. Tanaka, S. Onuma*, u. *F. Ogata.* Inh.: Snia Viscosa Soc. Nazionale Industria Applicazioni Viscosa S. p. A. u. Kanegafuchi Boseki Kabushiki Kaisha. A. 10. 4. 67, B. 22. 3. 68. Int. Kl.: C 08g 20/00, D 01d u. D 02g. A.-Z.: 102178.

JaP 8986/68. Zusammengesetzter Polyamidfaden. Inh.: Kanegafuchi Spinning Co. Ltd. A. 30. 1. 65, B. 11. 4. 68.

JaP 10174/68. Hohlprodukt aus linearem Polyamid. Inh.: Asahi Chem. Ind. Co. Ltd. A. 29. 5. 65, B. 26. 4. 68. Kl.: 42D.

JaP 10175/68. Polyamidfaserstoffe. Inh.: Toyo Rayon Co. Ltd. A. 17. 6. 65, B. 26. 4. 68. A.-Z.: 35703/65.

SUP 218372 (Urheberschein). Verfahren zur Herstellung von Polyamidfaserstoff. Erf. u. Anm.: *Z. G. Opric, T. P. Lazutkina, N. V. Sedych, M. V. Šablygin* u. *N. D. Katoržnov.* A. 15. 2. 67, B. 17. 5. 68. Kl.: 29b, 3/65. A.-Z.: 1133597/23 – 5.

SUP 220425 (Urheberschein). Verfahren zur Herstellung von Polyimidfaserstoff. Erf.: *M. M. Koton, N. A. Adrova, A. M. Dubnova, A. P. Rudakov, L. N. Koržavin, S. Ja. Frenkel'* u. *M. I. Bessonov.* Anm.: Institut vysomolekuljarnych soedinenij AN SSSR. A. 21. 6. 65, B. 28. 6. 68. Kl.: 29b, 3/65. A.-Z.: 1014931/23 – 5.

USP 3385831 Zus. z. Pat. m. A.-Z.: 298585. A. 30. 7. 63. Textilfaserstoffe aus Polyäthylenterephthalat/Hexahydroterephthalat-Copolyester. Erf.: *William H. Watson.* Inh.: E. I. du Pont de Nemours and Co., Wilmington, Del. A. 6. 2. 67, B. 28. 5. 68. Kl.: 260 – 75. 3 Anspr. A.-Z.: 614025. A.-Z.: 298595 entspr. FrP 1403416 u. GBP 1034855.

USP 3393252 Zus. z. Pat. m. A.-Z.: 468831, 38123, 110639, 199375 u. 339579. A. 1. 7. 65, 23. 6. 60, 17. 5. 61, 1. 6. 62 u. 23. 1. 64. Geschmolzenes Polyamidgemisch. Erf.: *Joseph Zimmermann.* Inh.: E. I. du Pont de Nemours and Co., Wilmington, Del. A. 19. 4. 67, B. 16. 7. 68. Kl.: 260 bis 857. 5 Anspr. A.-Z.: 632064. A.-Z.: 339579 entspr. USP 3330258 Entspr. FrP 1439046.

DAS 1266926. Verfahren zum Verspinnen von Acrylnitrilpolymerisatlösungen. Erf.: *Wilhelm Irion* u. *Werner Saar.* Anm.: Phrix-Werke AG, 2000 Hamburg 36, Stephansplatz 10. A. 23. 7. 62, B. 25. 4. 68. Kl.: 29b. 3/65. A.-Z.: P 29884 IVc/29b. Entspr. FrP 1369432, GBP 1009760 u. USP 3368015.

FrP 1525117. Verfahren zur Herstellung von gefärbten, geformten Artikeln aus Polyvinylchlorid. Erf.: *S. Trevisi.* Inh.: ACSA Applicazioni Chimiche S. p. A. A. 1. 2. 67, B. 17. 5. 68. Int. Kl.: D 01f u. C 08f. A.-Z.: 93297. Prior.: 3. 2. 66 (It; A.-Z.: 2295/66).

JaP 10181/68. Polyolefin-Synthesefaserstoff. Inh.: Mitsubishi Rayon Co. Ltd. A. 28. 4. 64, B. 26. 4. 68. A.-Z.: 48246/64. Entspr. FrP 1418632.

GBP 1118084. Verfahren zur Herstellung von Fäden aus Acrylnitrilpolymeren und die erhaltenen Fäden. Inh.: Snia Viscosa Soc. Nazionale Industria Applicazioni Viscosa S. p. A. A. 1. 7. 65, B. 26. 6. 68. Kl.: B5.B. Int. Kl.: D 01f 5/00, 7/00. A.-Z.: 27868/65. Prior.: 7. 7. 64, 28.5.65, 29. 5. 65 u. 31. 5. 65 (It; A.-Z.: 15015; 11991; 12014 u. 12068). A.-Z.: 15015 entspr. DDP 50725. Entspr. FrP 1450692.

JaP 7429/68. Polyvinylalkoholfaserstoffe. Inh.: Nichibo Ltd. A. 25. 9. 64, B. 21. 3. 68. A.-Z.: 55061/64.

SvP 213440. Verfahren zur Verbesserung der Dimensionsstabilität bei Polypropylenfäden. Erf.: *M. Compostella* u. *F. Denti.* Inh.: Montecatini Soc. Gen. per l'Industria Mineraria e Chimica, Mailand (It). A. 15. 7. 57, B. 6. 6. 67. Kl.: 29b, 3/65. Prior.: 17. 7. 56 u. 17. 1. 57 (It; A.-Z.: 10838 u. 851).

USP 3383447. Verfahren zur Herstellung von synthetischen Faserstoffen aus Polyvinylalkohol mit guter Festigkeit und Wasserlöslichkeit. Erf.: *Shigekazu Onishi* u. *Eiichi Morita.* Inh.: Kurashiki Rayon Co. Ltd., Kurashiki (Ja). A. 10. 4. 64, B. 14. 5. 68. Kl.: 264 – 205. 3 Anspr. A.-Z.: 358925. Prior.: 23. 4. 63 (Ja; A.-Z.: 38/20843). Entspr. SzP 437625, FrP 1391393 u. GBP 1049696.

USP 3388200. Verfahren zum Naßspinnen elastischer Fäden. Erf.: *Charles E. Jackson, Lloyd T. Jenkins* u. *Philip E. Slade* jr. Inh.: Monsanto Co., St. Louis, Mo. A. 21. 12. 64, B. 11. 6. 68. Kl.: 264–184. 5 Anspr. A.-Z.: 419779. Entspr. FrP 1461054 u. GBP 1111807.

DDP 62642. Verfahren zur Verleihung von antistatischen Eigenschaften an Fasern aus Vinylchloridpolymeren. Erf.: *Giorgio Cazzaro, Paolo Melacini.* Inh.: A. C. S. A. Applicazioni Chimiche S. p. A., Mailand (It). A. 2. 6. 67, B. 5. 7. 68. Kl.: 29b, 5/04. A.-Z.: AP 29b/125055. Prior.: 3. 6. 66 (It; A.-Z.: 18651).

GBP 1119367. Verfahren zum Versehen eines geformten Artikels aus einem synthetischen kristallisierbaren Polyester mit einer härtbaren modifizierten Oberfläche. Inh.: Imperial Chemical Industries Ltd. A. 22. 7. 64, B. 10. 7. 68. Kl.: D1.P. Int. Kl.: D 06m 15/48. A.;Z.: 29581/64.

JaP 8991/68. Polyvinylalkohol-Synthesefaserwaren. Inh.: Kurashiki Rayon Co. Ltd. A. 11. 2. 64, B. 11. 2. 68. Kl.: 42D.

USP 3383241. Stabilisierung von Modacrylfaserstoffen mit Hydroxyphenyl-2H-benzotriazolen. Erf.: *Charles W. Davisson sr.* u. *William R. Dent.* Inh.: Union Carbide Corp. A. 3. 12. 62, B. 14. 5. 68. Kl.: 117–138,8. 6 Anspr. A.-Z.: 241549.

USP 3392046. Mit einem Polyperfluoralkylmethacrylatester behandeltes organisches Fasermaterial und Verfahren zu seiner Herstellung. Erf.: *Herman Lowell Marder.* Inh.: Colgate-Palmolive Co., New York, N. Y. A. 17. 6. 63, B. 9. 7. 68. Kl.: 117–143. 12 Anspr. A.-Z.: 288442. Entspr. GBP 1045896.

Klasse 32a, 37/00. Herstellung von Fasern oder Föden aus flüssigem Glas, flüssigen Mineralien oder flüssiger Schlacke

FrP 1524725. Anlage zur Herstellung von Fäden aus einer zu Fäden umwandelbaren Mischung. Erf.: *J. E. Blaze jr.* Inh.: The Babcock & Wilcox Co. A. 26. 5. 67, B. 10. 5. 68. Int. Kl.: C 03b 37/00. A.-Z.: 108136. Prior.: 27. 5. 66 (US; A.-Z.: 553492).

SUP 219761. Anblasekammer für Glasfäden. Erf.: *Ju. P. Čuprijanov, O. V. Gužavin, E. P. Dunkel'* u. *V. I. Škalikov.* A. 10. 3. 67, B. 14. 6. 68. Kl.: 32a, 37/08. A.-Z.: 1139801/28–12.

SUP 219762. Vorrichtung zur Präparation von Glasfaserstoff. Erf.: *V. I. Burjakin, M. B. Il'jaščenko, O. S. Ljubutin, N. A. Lukavov, E. A. Vorob'ev, N. V. Kiselev, L. F. Sergeev, V. G. Odmeljuchin,* u. *V. N. Veljuchov.* A. 14. 3. 67, B. 14. 6. 68. Kl.: 32a, 27/10 (32a, 37/00). A.-Z.: 1139159/28–12.

USP 3387958. Vorrichtung zur Herstellung von Faserstoffen aus bei hohen Temperaturen schmelzendem Material. Erf.: *Frank Day* u. *Raymond C. Womeldorph.* Inh.: Owens-Corning Fiberglas Corp. A. 18. 3. 65, B. 11. 6. 68. Kl.: 65–1. 8 Anspr. A.-Z.: 440678.

Klasse 32b. Chemische Zusammensetzung von Gläsern, Glasuren oder Emails; Oberflächenbehandlung von Glas; Verbinden von Glas mit Glas oder anderen Stoffen

USP 3388444. Vorrichtung und Verfahren zur Herstellung von voluminösen Fäden. Erf.: *Gustav E. Benson.* Inh.: Owens-Corning Fiberglas Corp. A. 17. 12. 65, B. 18. 6. 68. Kl.: 28–72. 5 Anspr. A.-Z.: 514544.

USP 3391052. Für die Verbindung mit Elastomermaterialien behandelte Glasfasern und Verfahren. Erf.: *Alfred Marzocchi.* Inh.: Owens-Corning Fiberglas Corp. A. 26. 10. 64, B. 2. 7. 68. Kl.: 161–176. 24 Anspr. A.Z-.: 406501. Entspr. FrP 1462347.

Klasse 39b. Verarbeiten von plastischen Massen, Kautschuk und hornartigen Stoffen, soweit nicht anderweitig vorgesehen (chemischer Teil), auch von Brems- und Schleifmassen sowie thermischen und akustischen Isoliermassen (teilweise)

USP 3364100. Verkleben von Textilmaterialien mit Kautschuk. Erf.: *Arthur C. Danielson.* Inh.: Uniroyal. Inc. A. 8. 4. 64, B. 16. 1. 68. Kl.: 161–241. 20 Anspr. A.-Z.: 358412. Entspr. GBP 1033453.

USP 3364173 Zus. z. Pat. m. A.-Z.: 288505. A. 17. 6. 63. Mit Metallsalzen von Schiff'schen Basen stabilisierte Kunststoffe. Erf.: *Henryk A. Cyba.* Inh.: Universal Oil Products Co., Des Plaines, Ill. A. 24. 8. 66, B. 16.1.68. Kl.: 260–45,75. 9 Anspr. A.-Z.: 574553.

FrP 1530445 (Aj.) Neue gegen Wärme stabile stickstoffhaltige Harze mit Amidfunktionen und Benzimidazolcyclen. Inh.: Institut Français du Petrole, des Carburants et Lubrifiants. A. 7. 7. 66, B. 17. 7. 68. Int. Kl.: C 07c u. C 08g 33/00. A.-Z.: 68652.

DDP 62443. Verfahren zur Herstellung von Pigmentpräparaten. Erf. u. Inh.: *Fritz Kleine,* Leipzig u. *Gerhard Knöchel.* Wolfen b. Bitterfeld. A. 6. 9. 67, B. 20. 6. 68. Kl.: 39b, 22/06. A.-Z.: WP 39b/127032.

USP 3385820. Mit einem Phenolgemisch stabilisierte Polyurethane. Erf.: *Joseph Burton Finlay.* Inh.: E. I. du Pont de Nemours and Co., Wilmington, Del. A. 25. 2. 66, B. 28. 5. 68. Kl.: 260–45,95. 3 Anspr. A.-Z.: 529963.

GBP 1119010. Stabilisierte Kunststoffkompositionen. Inh.: Chas. Pfizer & Co. Inc. A. 20. 6. 67, B. 3. 7. 68. Kl.: C3.P. Int. Kl.: C 08f 29/18, 45/62. A.-Z.: 28512/67.

SUP 219172 (Urheberschein). Verfahren zur antistatischen Nachbehandlung von Thermoplasten. Erf.: *V. M. Djakin, Ju. I. Vasilenok, A. S. Dejanova, B. A. Konoplev, Š. L. Lel'čuk* u. *V. N. Lagunova.* Anm.: Gosudarstvennyj naučno-issledovatel'skij institut polierizacionnych plastmass i eksperimental'nyj zavod. A. 3. 8. 66, B. 30. 5. 68. Kl.: 39b, 22/06. A.-Z.: 1095117/23–5.

USP 3364171. Stabilisierung von organischem Material mit bestimmten Biso-alkylhydroxyphenylthiazolen. Erf.: *John Denon Spirack, David Herbert Steinberg* u. *Martin Dexter.* Inh.: Seigy Chemical Corp., Greenburgh, N. Y. A. 6. 9. 66, B. 16. 1. 68. Kl.: 260–45,8. 8 Anspr. A.-Z.: 577181 (ausgesch. aus USP 3288798. A. 9. 5. 62. A.-Z.: 193603). Entspr. DAS 1224926, FrP 1365609 u. GBP 1035985.

DAS 1265410. Abtrennen eines Polyarylenäthers aus einer Toluollösung. Erf.: *Jan Adries Meijs* u. *Franciscus Ignatius Maria van Haaren.* An,.: N. V. Onderzoekingsinstituut Research, Arnheim (Nd). A. 17. 11. 65. B. 4. 4. 68. Kl.: 39b, 22/10. A.-Z.: N 27652 IVc/39b. Prior.: 19. 11. 64 (Nd; A.-Z.: 6413440). Entspr. FrP 1457024 u. GBP 1051399.

GBP 1114936. Verfahren zum Färben von Polyestern in Masse. Inh.: Imperial Chemical Industries Ltd. A. 19. 7. 65, B. 22. 5. 68. Kl.: C3.R. Int. Kl.: C 08g 39/04, 51/66. A.-Z.: 30539/65. Entspr. DDP 57960 u. FrP 1487044.

FrP 1531229. Verfahren zur Herabsetzung der mittleren relativen Molekülmasse von hochmolekularen Formaldehydpolymeren sowie durch dieses oder ein ähnliches Verfahren erhaltene Produkte. Inh.: VEB Leuna-Werke „Walter Ulbricht". A. 17. 7. 67, B. 17. 7. 68. Int. Kl.: C 08g 1/00. A.-Z.: 114532.

USP 3386795. Polyester mit verbesserten Färbeeigenschaften. Erf.: *John R. Caldwell* u. *Russell Gilkey.* Inh.: Eastman Kodak Co., Rochester, N. Y. A. 5. 10. 64, B. 4. 6. 68. Kl.: 8–100. 8 Anspr. A.-Z.: 401721. Entspr. DAS 1269805 u. FrP 1449258.

USP 3393181. Stabilisierte Polyacrylsulfonpolymere und Verfahren zu ihrer Herstellung. Erf.: *Herward A. Vogel.* Inh.: Minnesota Mining and Manufacturing Co., St. Paul, Minn. A. 23. 10. 65, B. 16. 7. 68. Kl.: 260–79,3. 6 Anspr. A.-Z.: 504137. Entspr. FrP 1493933.

JaP 8616/68. Stabilisierung von Polyamiden. Inh.: Toyo Rayon Co. Ltd. A. 8. 2. 64, B. 3. 4. 68. A.-Z.: 6518/64.

Klasse 39c. Herstellen von Kunstharzen

DAS 1268837. Verfahren zur Herstellung von thermostabilen linearen Polyharnstoffen. Erf.: *Rudolf Pasedag,* u. *Eugen Griebsch.* Anm.: Schering AG, 1000 Berlin N 65, Müllerstr. 170/172. A. 27. 1. 61, B. 22. 5. 68. Kl.: 39c, 6. A.-Z.: P 1268837.8–44.

OeP 267184. Verfahren zur Herstellung eines streichfähigen Polyurethangels. Erf.: *Erwin Sommer, Klaus Gerlach, Klaus Boehme, Werner Rieß* u. *Friedrich Dangl.* Inh.: Glanzstoff AG, Wuppertal (DB). A. 23. 11. 66, B. 15. 3. 68. Kl.: 39b, 21. A.-Z.: 10836/66. Prior.: 17. 12. 65 (DB).

USP 3388103. Aus araliphatischen Diaminen hergestellte thermoplastische Polyharnstoffe. Erf.: *Wolfgang Imöhl* u. *Peter Borner.* Inh.: Schering AG, Berlin (DB). A. 19. 7. 66, B. 11. 6. 68. Kl.: 260–77,5. 2 Anspr. A.-Z.: 566252. Prior.: 29. 7. 65 (DB; A.-Z.: Sch 37452).

SUP 219784 (Urheberschein). Verfahren zur Herstellung von heterocyclischen Polymeren. Erf.: *E. I. Chofbauer* u. *E. I. Nesterova.* A. 17. 3. 67, B. 14. 6. 68. Kl.: 39c, 6. A.-Z.: 1140134/23–5.

DAS 1265412. Verfahren zur Herstellung von transparenten Copolyamiden. Erf.: *Karl Schmitt* u. *Fritz Gude.* Anm.: Scholven-Chemie AG, 4660 Gelsenkirchen-Buer, Dorstener Str. 227. A. 29. 1. 64, B. 4. 4. 68. Kl.: 39c, 10. A.-Z.: Sch 34541 IVd/39c. Entspr. SzP 442747, FrP 1423272 GBP 1086832 u. USP 3352942.

DAS 1267846. Verfahren zur Herstellung von transparenten, thermoplastischen Polyamiden. Erf.: *Franz Blaschke* u. *Werner Ludwig.* Anm.: Chemische Werke Witten GmbH, 5810 Witten, Arthur-Imhausen-Str. 92a. A. 11. 5. 63, B. 9. 5. 68. Kl.: 39c, 10 (39b, 22/04). A.-Z.: P 1267846.5–44 (C 29921). Entspr. SzP 448520, FrP 1393052 u. GBP 1019707.

FrP 1531976. Ionische Polymerisation von Lactamen in Gegenwart eines Promotors. Inh.: Stamicarbon N. V. A. 20. 7. 67, B. 23. 7. 68. Int. Kl.: C 08g 20/00. A.-Z.: 115002. Prior.: 4. 8. 66 (Nd; A.-Z.: 6610960).

JaP 5911/68. Linerae Polymerkomposition. Inh.: Sumitomo Electric Ind. Ltd. A. 3. 3. 64, B. 4. 3. 68. A.-Z.: 118886/64.

SUP 218424 (Urheberschein). Verfahren zur Herstellung löslicher Polyamide. Erf.: *V. V. Koršak, G. M. Cejtlin, V. I. Azarov* u. *A. I. Pavlov.* Anm.: Moskovskij chimiko-technologičeskij institut im. D. I. Mendeleeva. A. 22. 2. 67. B. 17. 5. 68. Kl.: 39c, 10. A.-Z.: 1135659/23–5.

USP 3391125. Anionische Polymerisation von Lactamen. Erf.: *Johannes van Mourik, Johannes van Beveren* u. *Harm J. Boonstra.* Inh.: Stamicarbon N. V., Heerlen (Nd). A. 26. 3. 65, B. 2. 7. 68. Kl.: 260–78. 11 Anspr. A.-Z.: 443074. Prior.: 3. 4. 64 (Nd; A.-Z.: 6403620). Entspr. SzP 437790, FrP 1429070 u. GBP 1092936.

GBP 1116408. Verfahren zur Herstellung stickstoffhaltiger Polykondensationsprodukte. Inh.: Farbenfabriken Bayer AG. A. 2. 9. 65, B. 6. 6. 68. Kl.: 3C.R. Int. Kl.: C 08g 23/00. 33/02. A.-Z.: 37564/65. Prior.: 10. 9. 64, 18. 12. 64 u. 2. 6. 65 (DB; A.-Z.: F 43946, F 44751 u. F 46219/A.-Z.: F 44751 entspr. DAS 1243874. Entspr. FrP 1520387.

DAS 1269345. Verfahren zum Herstellen von Polyester-Formmassen. Erf.: *Walter Lautenschlager,* u. *Walter Pietsch.* Anm.: Badische Anilin- & Soda-Fabrik AG, 6700 Ludwigshafen. A. 28. 7. 64, B. 30. 5. 68. Kl.: 39c, 16. A.-Z.: P 1269345.7–44.

GBP 1112021. Polycarbonate mit erhöhter Kristallisationsfähigkeit. Inh.: Gevaert Photo-Producten N. V. A. 2. 1. 64, B. 1. 5. 68. Kl.: C3.R. Int. Kl.: C 08g 17/08. A.-Z.: 280/64. Entspr. FrP 1425582.

GBP 1117307. Verfahren zur Herstellung von Polymeren. Inh.: Dunlop Co. Ltd. S. Adamek. A. 12. 9. 64, B. 19. 6. 68. Kl.: C 3.R. Int. Kl.: C 08g 23/00. A.-Z.: 37384/64. Entspr. FrP 1446791.

DDP 62691. Verfahren zur Herstellung von Kohlenwasserstoff-Weichwachsen. Erf. u. Inh.: *Erich Lobedan,* Leuna u. *Klaus Bindernagel,* Leuna. A. 8. 7. 66, B. 5. 7. 68. Kl.: 39c, 25/01. A.-Z.: WP 39c/118631.

SUP 220496 (Urheberschein). Verfahren zur Herstellung von Polymeren. Erf.: *V. I. Itiskij, G. M. Ljudvig* u. *Ja. A. Linabergs.* A. 26. 4. 66, B. 28. 6. 68. Kl.: 39c, 19. A.-Z.: 1072407/23–5.

DAS 1269348. Verfahren zur Herstellung von Cyangruppen enthaltenden Polymerisaten. Erf.: *Bruno Vollmert* u. *Hans Haas.* Anm.: Badische Anilin- & Soda-Fabrik AG, 6700 Ludwigshafen. A. 16. 10. 64, B. 30.5.68. Kl.: 39c, 25/01. A.-Z.: P 1269348.0–44 (B 78941). Entspr. FrP 1450107.

OeP 265635. Verfahren zur Herstellung von Polymerisaten und/oder Mischpolymerisaten von Vinylchlorid. Erf.: *Giancarlo Borsini* u. *Carlo Nicora.* Inh.: Società Edison, Mailand. A. 31. 3. 65, B. 15. 1. 68. Kl.: 39b, 14. A.-Z.: 2915/65. Prior.: 2. 4. 64 (It).

OeP 267167. Verfahren zur Polymerisation von Vinyl- und bzw. oder Vinylidenmonomeren. Erf.: *Giancarlo Borsini, Carlo Nicora* u. *Agelo Segalini.* Inh.: Società Edison, Mailand. A. 17. 7. 64, B. 15. 3. 68. Kl.: 39b, 14. A.-Z.: 6183/64. Prior.: 31. 7. 63 (It).

FrP 1523104. Photopolymerisation. Inh.: Gevaert Photo-Producten N. V. A. 8. 8. 61, B. 3. 5. 68. Int. Kl.: C 08j. A.-Z.: 870324. Prior.: 23. 6. 61 (Be; A.-Z.: 40755).

FrP 1520987. Verfahren zur Polymerisation von Olefinen. Inh.: Solvay & Cie. A. 26. 4. 67, B. 12. 4. 68. Int. Kl.: C 08f. A.-Z.: 104239. Prior.: 26. 4. 66 (Nd; A.-Z.: 6605579).

SUP 221287 (Urheberschein). Kontinuierliches Verfahren für die Abtrennung von Polymeren mit Kohlenstoffkette. Erf.: *A. V. Zlatogurskij, I. V. Garmonov, V. A. Krol', B. V. Mamontov* u. *D. R. Mnuškina.* Anm.: Vsesojuznyj naučno-issledovatel'skij institut sintetičeskogo kaučuka im. Akad. S. V. Lebedeva. A. 18. 6. 66, B. 1. 7. 68. Kl.: 39c, 25/01 (39c, 25/05). A.-Z.: 1084433/23–5. Unter Einbeziehung der Anm. 1084434/23–5.

USP 3382223 Zus. z. Pat. m. A.-Z.: 444811. A. 1. 4. 65. Verfahren zur Herstellung von Vinylchloridpolymeren durch Polymerisation bei niedriger Temperatur. Erf.: *Giancarlo Borsini, Carlo Nicora* u. *Lorenzo Ratti.* Inh.: Montecatini Edison S. p. A., Mailand (It). A. 11. 3. 66, B. 7. 5. 68. Kl.: 260–92,8. 8 Anspr. A.-Z.: 533403. Prior.: 17. 3. 65 (It; A.-Z.: 5811/65). Entspr. DDP 55136, FrP 1513233 u. GBP 1071250.

DAS 1269811 Zus. z. Pat. 1209752. Verfahren zur Herstellung von 1,3-Dienpolymerisaten. Erf.: *Herbert Müller.* Anm.: Badische Anilin- & Soda-Fabrik AG, 6700 Ludwigshafen. A. 27. 10. 65, B. 6. 6. 68. Kl.: 39c, 25/05. A.-Z.: P 1269811.2–44.

Klasse 42k, 50. Textilprüfung, Verfahren, Vorrichtungen und Maschinen zum Prüfen von Fasern, Fäden, Garnen, Geweben auf ihre mechanischen und Festigkeitseigenschaften, auf Spannungen, mechanische Unregelmäßigkeiten, Drall (Drehung), Porosität

SzP 459606. Verfahren und Vorrichtung zur Messung der Masse pro Längeneinheit eines Fadens. Erf.: *Adrianus Karel Gerardus Korzilius,* Inh.: Algemene Kunstzijde Unie N.V., Velperweg 76, Arnhem (Nd). A. 6. 5. 66. Kl.: 42k, 50. A.-Z.: 6604/66. Prior.: 8. 5. 65 (Nd: A.-Z.: 6505866).

SUP 220614 (Urheberschein). Gerät zur Prüfung von Fäden auf Selbstscheuerung. Erf.: *E. G. Poduškin, N. S. Ivanov, A. S. Najgorin, V. P. Kosenko* u. *V. I. Makedonov.* Anm.: Vsesojuznyj naučno-issledovatel'skij institut sintetičeskich volokon. A. 3. 1. 66, B. 28. 6. 68. Kl.: 42k, 50. A.-Z.: 1046339/23–5.

SUP 221972 (Urheberschein). Gerät zum zweiachsigen Zug von Folien und Textilmaterialien. Erf.: *V. A. Lepetov, A. S. Miliridov* u. *A. M. Gurni.* Anm.: Naučno-issledovatel'skij institut rezinovoj promyšlennosti. A. 4. 7. 66, B. 17. 7. 68. Kl.: 42k, 50. A.-Z.: 1087852/28–12.

USP 3363459. Analysator für das Aneinanderhaften von Multifilfäden. Erf.: *Harold Fain Brown.* Inh.: Eastman Kodak Co., Rochester, N. Y. A. 22. 9. 64, B. 16. 1. 68. Kl.: 73–160. 4 Anspr. A.-Z.: 398222.

USP 3382701. Teppichprüfgerät. Erf.: *Fred B. Powell.* Inh.: Monsanto Co., St. Louis, Mo. A. 10. 3. 66, B. 14. 5. 68. Kl.: 73–7. 10 Anspr. A.-Z.: 533311.

SUP 220615 (Urheberschein). Gerät zur Bestimmung der Härtungskinetik von Polymerstoffen. Erf.: *V. M. Konovalov, Ju. S. Jakušev, V. A. Solov'ev, G. G. Kolosov, E. F. Babaškin* u. *N. S. Ischakov.* A. 23. 7. 65, B. 28. 6. 68. Kl.: 42k, 51. A.-Z.: 1019639/23–5.

Klasse 47k. Allgemein anwendbare Verfahren und Vorrichtungen zum Bewegen, Führen und Speichern, z. B. Wickeln von faden-, draht-, seil-, kabel-, schlauch-, band- oder bahnförmigem Gut (teilweise)

SzP 458873. Einrichtung zur Zufuhr von Band- oder Fadenmaterial an eine Arbeitsstation. Erf.: *Werner Eichler.* Inh.: News AG, Glarus, Hirzenbachstraße 12, Zürich. A. 21. 11. 67. Kl.: 47k, 5/10. A.-Z.: 16294/76.

DDP 61901. Einrichtung zum Aufwickeln eines Films oder Bandes auf eine in einem Magazin befindliche Spule. Erf.: *Bob Mouissie.* Inh.: Paillard S. A., Sainte-Croix/Vaud (Sz). A. 9. 3. 67, B. 20. 5. 68. Kl.: 47k, 5/02. A.-Z.: AP 47k/123271.

Klasse 55b. Verfahren zur Herstellung von Zellstoff, Zellstoffkocher, Wiedergewinnung der Ablauge und Abgase

USP 3383277 Zus. z. Pat. m. A.-Z.: 344631. A. 13. 2. 64. Zweistufen-Kochverfahren mit einer isothermen ersten Stufe. Erf.: *Lyle J. Gordon* u. *Berry W. Bailey.* Inh.: Scott Paper Co., Delaware County, Pa. A. 6. 2. 67, B. 14. 5. 68. Kl.: 162–19. 4 Anspr. A.-Z.: 632121.

JaP 5162/68. Verhinderung der Schuppenbildung. Inh.: Asahi Sugino. A. 2. 6. 65, B. 26. 2. 68. A.-Z.: 32599/65.

FrP 1526319. Verfahren und Vorrichtung zur Behandlung und Verbrennung von Schwarzlaugen der Cellulose sowie analoge Produkte herstellen. Erf.: *B. Baudin* u. *H. Guillon.* Inh.: O. C. C. R. Organisation et Controle Conception et Realisation. A. 14. 4. 67, B. 24. 5. 68. Int. Kl.: D 21c. A.-Z.: 102792.

USP 3392163 Zus. z. Pat. m. A.-Z.: 234525. A. 31. 10. 62. Verfahren zur Herstellung von Barium-Ligninsulfonaten. Erf.: *Robert E. Barnwell* u. *Norman F. Marshall.* Inh.: Robeson Process Co., Erie, Pa. A. 3. 5. 65, B. 9. 7. 68. Kl.: 260–124. 7 Anspr. A.-Z.: 452866.

DDP 63277. Verfahren und Vorrichtung zum Fraktionieren von Zellstoffsuspensionen. Erf. u. Inh.: *Christian Zschocke,* Coswig, Bez. Dresden. A. 19. 9. 67, B. 5. 8. 68. Kl.: 55b, 5/01. A.-Z.: WP 55b/127281.

Literaturschau

Auszug aus Lieferung 23/24/1968 der Referatekartei „Faserstoffe und Textiltechnik" zusammengestellt von der Abteilung Wissenschaftliches Berichtswesen des Instituts für Faserstoff-Forschung der DAW, 153 Teltow-Seehof, Kantstr. 55

I. Wissenschaftliche Grundlagen

Allgemeines

(Untersuchungsmethoden u. a.)

Falkenhagen, H., Gerdes, E., Einfeldt, J.: Viskositätsmessungen an elektrolytischen Lösungen. Mber. dt. Akad. Wiss. Berlin **10** (1968) 8, S. 613–617.

Timofeeva, G. I., Babin, V. N.: Anwendung der Archibald-Methode für die Bestimmung niedrigerer relativer Molekülmassen. Dokl. Akad. Nauk SSSR (Ber. Akad. Wiss. UdSSR) **182** (1968) 5, S. 1102–1104.

Sowada, R.: Darstellung, Eigenschaften und Verwendung von Dimethylsulfon. Z. Chemie **8** (1968) 10, S. 361–376.

Physik und Chemie der Hochpolymeren

Hague, P., Huglin, M. B., Johnson, B. L., Smith, J.: Viskositätszahl/relative Molekülmasse-Beziehung für Polyamid 6 mit niedriger relativer Molekülmasse. J. appl. Polymer Sci. **12** (1968) 9, S. 2105–2109.

Choulet, B., Robert, A.: Spektrographische Untersuchung der Delignifizierung mit Dioxan/Salzsäure (von Holz und „in vitro" kultivierten Stengeln von Sequoia sempervirens). Atip. Rev. Assoc. techn. Ind. pap., Paris **22** (1968) 4, S. 299–306.

Anton, A.: Nachweis von Umwandlungstemperaturen bei Polymeren durch IR-Absorptionsspektroskopie. J. appl. Polymer Sci. **12** (1968) 9, S. 2117–2128.

Kimmer, W., Schmolke, R.: Die ultrarotspektroskopische Analyse von Äthylen-Propylen-Kopolymeren. Plaste u. Kautschuk **15** (1968) 11, S. 807–811.

Hendra, P. J.: Die B2g-Methylen-Nickschwingung in Polyäthylen. J. mol. Spectroscopy **28** (1968) 1, S. 118–119.

Fujii, K., Worsfold, D. J., Bywater, S.: Einige Bemerkungen zu den Protonresonanzspektren von Poly-α-methylstyrolen. Makromol. Chemie **117** (1968) S. 275–278. (engl.)

Šaltyko, L. G., Šepelevskij, A. A.: Neuer Typ der übermolekularen Struktur in konzentrierten Lösungen eines Polypeptids von helixförmiger Konfiguration. Vysokomol. Soed. (Hochmol. Verbind.) **10**B (1968) 9, S. 639 bis 640.

Souheng Wu: Abschätzung der kritischen Oberflächenspannung von Polymeren aus der Molekülkonfiguration durch eine modifizierte Hildebrand/Scott-Gleichung. J. physic. Chem. **72** (1968) 9, S. 3332–3334.

Samardukov, E. V., Bil', V. S.: Einfluß der Arbeitsbedingungen bei der isothermen Kristallisation von Polyformaldehyd auf seine Schmelzparameter. Plast. Massy, Moskva (Plast. Massen) (1968) 9, S. 15–17.

Pae, K. D., Sauer, J. A.: Einflüsse der thermischen Vorgeschichte auf isotaktisches Polypropylen. J. appl. Polymer Sci. **12** (1968) 8, S. 1901–1919.

Allegra, G.: Lineare Bedingungen in Kettensystemen bei Wechselwirkung mit benachbarten Molekülen. I. Theorie und allgemeine Anwendung. II. Anwendung auf strukturelle Bedingungen: ataktisches Polypropylen. Makromol. Chemie **117** (1968) S. 12–23; 24–40. (engl.)

Romankevič, O. V., Judin, A. V.: Untersuchung auf dem Gebiet der Kristallisation von Polyoxymethylen. Mitt. 2. Einfluß von Zusätzen einiger Polymerer auf die Wachstumsgeschwindigkeit der Polyoxymethylen-Sphärolithe. Izv. vyssich uč. Zav. Technol. legkoj Prom. (Hochschulnachr. Technol. Leichtind.) (1968) 4, S. 67–71.

Ant-Wuorinen, O.: Die Wirkung der Faserquellung auf die Hydrolysierbarkeit der Cellulose. Papier **22** (1968) 10A, S. 648–649.

Ogiwara, Y., Arai, K.: Der Quellungsgrad von Cellulose-Materialien und die Hydrolysengeschwindigkeit mit Cellulose. Textile Res. J. **38** (1968) 9, S. 885–891.

Géczy, I.: Synthetische lineare Polymere. XXVIII. Zusammenhang zwischen einzelnen spezifischen Eigenschaften der in der Kettenmitte Heteroatome oder -atomgruppen enthaltenden Oligomeren polymerhomologen Verbindungen und ihrer Molekülgröße. Acta chim. Acad. Sci. hung. **57** (1968) 3, S. 345–352. (dt.)

Chatterjee, K.: Kettenreaktionsmechanismus der Pyrolyse von Cellulose. J. appl. Polymer Sci. **12** (1968) 8, S. 1859–1864.

Mokeeva, R. N., Carfin, Ja. A.: Gaschromatographische Bestimmung von Rückständen an Äthylenoxid, Propylenoxid, Methanol und Tetrahydrofuran in Polyäthern. Plast. Massy, Moskva (Plast. Massen) (1968) 9, S. 60–61.

Yau, W. W., Fleming, S. W.: Interpretration gelchromatographischer Daten. J. appl. Polymer Sci. **12** (1968) 9, S. 2111–2116.

Fritzsche, K.: Zum Schallgeschwindigkeits- und Solvatationsverhalten einiger Vinylpolymerlösungen. Plaste u. Kautschuk **15** (1968) 11, S. 822 bis 824.

Burke, M., Nichells, C. H.: Bildung freier Radikale in chemisch modifizierten Wollen durch Persulfat-Behandlung. Textile Res. J. **38** (1968) 9, S. 891–896.

Golden, J. H., Hammant, B. L., Hazell, E. A.: Einige Effekte ionisierender Strahlung bei einem Polyhydroxyäther. J. appl. Polymer Sci. **12** (1968) 8, S. 1807–1813.

Tarsia, L.: Thermostabile, organische oder vorwiegend organische Polymere. Fibre e Colori, Milano **18** (1968) 7, S. 278–284.

Kolouch, R. J., Brown, R. G.: Wärmeleitfähigkeiten von Polyäthylen und Polyamid von 1,2 bis 20 °K. J. appl. Physics **39** (1968) 8, S. 3999–4003.

Holló, J., László, E., Tóth, M., Ráthonyi, Z.: Untersuchung der Heterodispersität von Polysacchariden. I. Fraktionierung der Dextrane mit Sephadex Gelfilter. Period. polytechn., chem. Ingenieurwesen, Budapest **12** (1968) 1, S. 69–85.

Ramnäs, O., Samuelson, O.: Bestimmung der Substituenten in Hydroxyäthylcellulose. Svensk Papperstidn. **71** (1968) 19, S. 674–678. (engl.)

Medvedeva, F. M., Andrianova, N. N., Sapovalova, A. N., Garetovskaja, N. L., Rodionova, V. G.: Copolyester von Butin-2-diol-1,4 und 2,2,3,3-Tetrachlorbutandiol-1,4. Plast. Massy, Moskva (Plast. Massen) (1968) 9, S. 26–27.

Tekarzewska, M.: Polyarylate als Kondensationsprodukte von Diphenolen mit 4-Chlormethylphenyläther. Teil III. Eigenschaften von Polyarylaten. Polimery, Warszawa **13** (1968) 7, S. 304–307.

Savel'ev, A. P., Minsker, K. S., Bebinova, L. M., Zvezdin, V. L., Stesikov, V. P., Ovčinnikov, Ju. V.: Modifizierung von Polyvinylchlorid mit Telomeren des Vinylchlorids. Plast. Massy, Moskva (Plast. Massen) (1968) 9, S. 6–7.

Törnell, B.: Abbau von hochsubstituiertem Cellulosexanthat durch Säure. J. appl. Polymer Sci. **12** (1968) 9, S. 2141–2152.

Runge, J., Kache, R.: Photocyclodimerisierung des Acrylnitrils. Z. Chemie **8** (1968) 10, S. 382-383. 1 Tab., 14 Lit.

Allan, G. G., Crosby, G. D.: Photolokalisierung von Polymeren in Faserstrukturen. Tappi, New York **51** (1968) 10, 92A–96A.

Physik und Chemie der Monomeren und Oligomeren

Mikula, F., Petrů, K.: Reinigung und Isolierung von 6-Caprolactam aus wäßrigen Lösungen, die bei der Depolymerisation von Polycaprolactam-Abfällen anfallen. Chem. Prům., Praha (Chem. Ind.) **18(43)** (1968) 9, S. 468–472.

Pronina, I. A., Spirin, Ju. L., Blagonravova, A. A., Gantmacher, A. R., Medvedev, S. S.: Einfluß des Mediums auf die katalytische Wirksamkeit von Kobaltcaprylat bei der Bildung von Urethanen. Vysokomol. Soed. (Hochmol. Verbind.) **10**A (1968) 9, S. 2110–2115.

Terephthalsäure: Neues Teijin-Verfahren. Chem. engng. News **46** (1968) 44, S. 23–24.

Walker, G. F., Hawthorne, D. G.: Komplexe von Nickelcyanid mit organischen Monomeren. J. Polymer Sci., B: Polymer Letters **6** (1968) 8, S. 593–594.

Schöllner, R., Hellwig, J.: Trennung von ölmodifizierten Polyesteroligomeren durch Säulen-, Dünnschicht- und Gelpermeationschromatographie. Fette, Seifen, Anstrichmittel/Ernährungsind. **70** (1968) 10, S. 770–774.

Polymerisation

Saito, K., Saegusa, T.: Ternärer Polymerisationskatalysator aus einem Halogenid eines Metalles der Gruppe II, Triäthylaluminium und Tetrachlorkohlenstoff. Makromol. Chemie **117** (1968) S. 86–93. (engl.).

Kumar, A.: Eine modifizierte Copolymerisationsgleichung für ternäre Systeme. J. appl. Polymer Sci. **12** (1968) 8, S. 1853–1858.

Rogozinski, M., Shorr, L. M., Hashman, U., Ader-Barlas, D.: Telomerisation mit Brom. J. org. Chem., Easton **33** (1968) 10, S. 3859–3964.

Šňupárek, J. jr., Mleziva, J.: Beitrag zur Herstellung von Polyestern aus Pthalsäureanhydrid und Epichlorhydrin. Chem. Prům., Praha (Chem. Ind.) **18(43)** (1968) 9, S. 473–475.

May, J. A. jr., Smith, W. B.: Untersuchung von Polymeren durch Gelchromatographie. III. Durch Azobisisobutyronitril initiierte Polymerisation. J. physic. Chem. **72** (1968) 8, S. 2993–2997.

Ise, N., Hayashi, Y., Chen, Shou-Xang, Sakurada, I.: Ionische Polymerisation im elektrischen Feld. XI. Einfluß des Feldes und Katalysatorstärke. Makromol. Chemie **117** (1968) S. 180–189 (engl.).

Hardy, G., Nyitrai, K., Sarló, C.: Untersuchungen auf dem Gebiet der strahlungsinduzierten Polymerisation im festen Zustand. Teil XVII. Die Polymerisation von 5-Carboxy-bi-cyclo-(2,2,1)-hepten-(2) und seine Copolymerisation mit Maleinsäureanhydrid. Period. polytechn., chem. Ingenieurwesen, Budapest **12** (1968) 1, S. 13–24 (engl.).

Aso, C., Kunitake, T., Miura, M., Koyama, K.: Untersuchungen der Polymerisation von bifunktionellen Monomeren. XVII. Cyclopolymerisation von Maleindialdehyd und die Struktur des Polymeren. Makromol. Chemie **117** (1968) S. 153–162 (engl.).

Černichov. A. Ja., Medveder, S. S.: Emulsionspolymerisation von Methylmethacrylat in Gegenwart polymerer Emulgatoren. Dokl. Akad. Nauk SSSR (Ber. Akad. Wiss. UdSSR) **182** (1968) 6, S. 1369–1372.

Mihajlov, M., Bouderska, H.: Polymerisation von Methacrylaten, die Furankerne unterschiedlicher Elektronendonator-Kapazität enthalten. Makromol. Chemie **117** (1968) S. 80–85 (engl.).

Guaita, M., Thomas, L. F.: Über das kristalline trimere Produkt der durch Alkalimetallalkoxid katalysierten Polymerisation von Methacrylamid. Makromol. Chemie **117** (1968) S. 171–179 (engl.).

Saccubai, S., Santappa, M.: Polymerisation von Acrylnitril durch ein V^{5+}/Cyclohexanol-Redoxsystem. Makromol. Chemie **117** (1968) S. 50 bis 60 (engl.).

Kuzub, L. I., Markevic, M. A., Berlin, Al. Al., Enikolopjan, N. S.: Thermodynamik der Gleichgewichtspolymerisation von Dioxolan in Lösung. Vysokomol. Soed. (Hochmol. Verbind.) **10** A (1968) 9, S. 2007–2011.

Jakobovic, A. Ja., Gitina, R. M., Simonov, A. P., Markova, G. S.: Fluorierte Polyhydrazide. Vysokomol. Soed. (Hochmol. Verbind.) **10** A (1968) 9, S. 2172–2181.

Moiseev, V. V., Guseva, E. G., Ščegoleva, V. N.: 2-Arylindandione-1,3 als Kettenüberträger. Dokl. Akad. Nauk SSSR (Ber. Akad. Wiss. UdSSR) **182** (1968) 6, S. 1335–1337.

Cerrai, P., Andruzzi, F., Giusti, P.: Polymerisation von Acenaphthylen durch Jod im Gleichstromfeld. Makromol. Chemie **117** (1968) S. 128–139 (engl.).

Meyers, R. A., Wilson, E. R.: Copolymerisation von Schwefelmonochlorid mit Cyclopentadien. J. Polymer Sci., B: Polymer Letters **6** (1968) 8, S. 587–591.

Sufčák, M.: Einfluß von Verunreinigungen im Monomeren auf die Emulsionspolymerisation von Chloropren und die Eigenschaften von Polychloropron. I. Einfluß von Methylvinylketon. J. appl. Polymer Sci. **12** (1968) 9, S. 2153–2168.

Sonderfragen

Bock, R., Reisinger, H.: Bestimmung von Natrium-Dodecylbenzolsulfonat. Fresenius' Z. analyt. Chemie **241** (1968) 1, S. 10–18.

Shedlovsky, L.: Grenzflächeneigenschaften von Waschmittelfilmen. IEC. Ind. engng. Chem. **60** (1968) 10, S. 47–52.

Reiner, L., Wahren, D.: Verfahren für Turbulenzmessungen in Wasser und verdünnten Fasersuspensionen. Svensk Papperstidn. **71** (1968) 21, S. 767–772 (engl.).

II. Faserstoffe. Ausgangstoffe. usw.

Hersteller von Naturseide-Ersatzprodukten bemühen sich um günstige Aufnahme der Faserstoffe auf dem Verbrauchermarkt. Chem. engng. News **46** (1968) 46, S. 22–23.

Gleer, W. H.: Hitzebeständige Textilfasern. Amer. Dyestuff Rep. **57** (1968) 13, S. 59–64.

Naturfaserstoffe

Pflanzliche Faserstoffe

Gavrilov, V. G., Sumetov, V. A.: Faktoren, die die Effektivität des Trocknens der Flachsfasern nach der chemischen Behandlung des Basts beeinflussen. Izv. vysšich uč. Zav. Technol. tekstil. Prom. (Hochschulnachr. Technol. Textil-Ind.) (1968) 3, S. 27–30.

Trotter, W. K., Corkern, R. S.: Wirtschaftlichkeit von Kenaf: Eine vorläufige Betrachtung. Tappi, New York **51** (1968) 10, S. 99 A–103 A.

Scholze, R.: Über die Erhaltungszüchtung der Hanfsorte Fibrimon. Techn. Textilien **11** (1968) 5, S. 123–125.

Rath, L.: Untersuchungen über die Beziehungen zwischen Wuchs- und Geschlechtstypen an monözischem Hanf. Techn. Textilien **11** (1968) 5, S. 125–127.

Prochazka, F.: Zur Faserleinveredlung in der Tschechoslowakei unter Berücksichtigung der Mutationsveredlung. Techn. Textilien **11** (1968) 5, S. 129–131.

Antropov, A. M.: Über die Versorgung der Leinenindustrie mit Rohstoffen. Tekstil. Prom., Moskva (Textil-Ind.) **28** (1968) 8, S. 29–31.

Tierische Faserstoffe

Schiecke, H. E.: Struktureller Aufbau der Wollfaser und Reaktionen des Wollkeratins bei der Easy-care-Ausrüstung. Textilveredlung, Weinfelden/Schweiz **3** (1968) 10, S. 564–568.

Frazer, L. A., Leach, S. J., Milligan, B.: Thermische Umwandlungen in reduzierter Wolle. J. appl. Polymer Sci. **12** (1968) 8, S. 1992–1996.

Nikitin, D. V.: Probleme bei der Versorgung der Industrie mit Naturwolle. Tekstil. Prom., Moskva (Textil-Ind.) **28** (1968) 8, S. 19–20.

Kogan-Berman, M. Ja., Širjakov, A. M., Sergeev, V. Ja., Motova, E. G. Rysova, A. P.: Wollergiebigkeit und Qualitätscharakteristik von Zigaja-Wolle. Tekstil. Prom., Moskva (Textil-Ind.) **28** (1968) 8, S. 25.

Zahn, H., Stein, W., Blankenburg, G.: Der Einfluß von Tensiden auf physikalische Eigenschaften von Keratinfasern. Fette, Seifen, Anstrichmittel/Ernährungsind. **70** (1968) 10, S. 757–760.

Chemiefaserstoffe

Lennox-Kerr, P.: Was gibt es Neues auf dem Gebiet der Faserstoffe? Textile Ind. **132** (1968) 8, S. 74–80, 220.

Avisco bietet Vormischung an. Chem. engng. News **46** (1968) 42, S. 11.

Dunford, R.: Eingebaute Spezialisierung. Textile Ind. **132** (1968) 8, S. 106, 108, 112, 114, 116, 128.

Cellulose und Zellstoff

Grant, R.: Technisch-ökonomischer Vergleich der Schnitzelaußen- und Rundholzlagerung. Tappi, New York **51** (1968) 10, S. 54 A–62 A.

Stone, J. E., Scallan, A. M., Abrahamson, B.: Einfluß einer Mahlung auf die Quellung der Zellwand und die Aufspaltung in Fibrillen. Svensk Papperstidn. **71** (1968) 19, S. 687–694 (engl.).

Muránska, E.: Untersuchung des beim Mahlen löslichen Anteils von Zellstoff. Sborník Výskum. Prác Odboru Pap. Celulózy (Samml. Forsch.-Arb. Papier-Zellstoffind.) (1968) 13, S. 121–127. In: Papír a Celulóza, Praha **2** (1968) 8/9.

Bobrov, A. I.: Bisulfitkochung von Zellstoff. Bumaž. Prom. (Papier-Ind.) (1968) 10, S. 3–4.

Kürschner, K.: Druckbehandlung von Holz bis zur experimentellen Höchstgrenze bei gewöhnlicher und bei erhöhter Temperatur. Holzforsch. **22** (1968) 5, S. 120–137

Côté, W. A. jr., Kutscha, N. P., Timell, T. E.: Untersuchungen an Druckholz. VIII. Bildung von Hohlräumen in Druckholztracheiden von Abies balsamea (L.) Mill. Holzforsch. **22** (1968) 5, S. 138–144 (engl.).

Sommerschiled, F.: Furfurol nun aus Birkenholz gewonnen. Norsk Skogind. **22** (1968) 10, S. 354 (engl.).

Kratzl, K., Gratzl, J. S., Schäfer-Risnyovszky, E., Hruschka, A.: Bleichversuche an Zellstoffen mit Acetonperoxidon. Papier **22** (1968) 10 A, S. 686–693.

Eliaševa, D.: Reaktionsfähigkeit von mit Äthylendiamin dekristallisierten Zellstoffen. Sborník Výskum. Prác Oldberu Pap. Celulózy (Samml. Forsch.-Arb. Papier-Zellstoffind.) (1968) 13, S. 99–107 (russ.). In: Papír a Celulóza, Praha **23** (1968) 8/9.

Szabo, A., Goring, D. A. I.: Abbau eines Polymergels: Anwendung auf die Delignifizierung von Fichtenholz. Tappi, New York **51** (1968) 10, S. 440 bis 444.

Regeneratfaserstoffe

Weber, P.: Das Eindringen neuer Viskosefaser-Typen in den Anwendungsbereich hochfester Fasern. Chemiefasern **18** (1968) 10, S. 787–788.

Wellisch, E., Rivlin, J. B.: Kinetische Untersuchungen zur Koagulation und Regeneration der Viskose. Holzforsch. **22** (1968) 5, S. 157–163 (engl.).

Szegö, L.: Neue Entwicklungen der Hochmodul-Cellulosefasern. Fibre e Colori. Milano **18** (1968) 7, S. 262–268.

Synthetische Faserstoffe

Koch, P.-A.: Faserstoff-Tabellen, Polyurethan-Elastomerfasern. Z. ges. Textilind. **70** (1968) 11, S. 785–792.

Qiana: Das Geheimnis bleibt weiterhin bestehen. Textile Month (1968) 8, S. 39–40.

Pikler, A.: Modifizierung der Polyamidfaserstoffe durch Pfropfcopolymerisation. Chem. Vlákna, Svit (Chem. Fasern) **18** (1968) 3/5, S. 122–130.

Hossack, D. C.: Polypropylen-Streifen: Herstellung und Endverwertung. Textile Inst. Ind. **6** (1968) 10, S. 274–276.

Krause, H. W.: Probleme bei der Verarbeitung von Elastomerfäden in der Maschenindustrie. Z. ges. Textilind. **70** (1968) 11, S. 793–800.

Pawlak, E.: Herstellung von Geweben aus Folienbändchen unter besonderer Berücksichtigung der Sackgewebe. Technik włókienn. (Textiltechn.) **17** (1968) 9, S. 267–271.

Lennox-Kerr, P.: Wie stark ist geschnittener Film? Textile Ind. **132** (1968) 8, S. 90, 92, 93.

Künstliche mineralische Faserstoffe

Glasfaserstoffe: Heutiger Stand. Textile Ind. **132** (1968) 8, S. 96–98, 100.

Ausgangsstoffe. Schaumstoffe. Kautschuk

Griffith, R. K.: Formen von Polyacrylnitril. J. appl. Polymer Sci. **12** (1968) 8, S. 1939–1946.

Makarova, Ju. L., Gluchov, E. E.: Fließen von Polymerschmelzen durch verschiedenartige Kapillaren. Plast. Massy, Moskva (Plast. Massen) (1968) 9, S. 47–49.

Misterek, B., Niewiarowski, Z., Werbliński, W.: Moderne Maschine für die Plastverarbeitung. Teil II. Spritzgußmaschinen. Polimery, Warszawa **13** (1968) 7, S. 287–291.

Slonimskij, G. L., Koršak, V. V., Mzel'skij, A. I., Askadskij, A. A., Vygodskij, Ja. S., Vinogradova, S. V.: Plaste auf der Basis von aromatischen Polyimiden. Dokl. Akad. Nauk SSSR (Ber. Akad. Wiss. UdSSR) **182** (1968) 4, S. 851–854.

Dietze, M.: Die Förderung hochviskoser flüssiger Stoffe mittels nicht vollständig von einem Gehäuse umschlossener Doppelschnecken. Chemiefasern **18** (1968) 11, S. 871–872.

III. Fäden-Herstellungstechnologien

Spinnerei. Zwirnerei

Nuding, H.: Der derzeitige Stand der Automatisierung in der Baumwollspinnerei. Chemiefasern **18** (1968) 11, S. 840–846.

Spinnereivorbereitung

Mazjar, I. P.: Methoden zum Bestimmen des Öffnungsgrades einer Fasermasse. Izv. vysšich uč. Zav. Technol. tekstil. Prom. (Hochschulnachr. Technol. Textil-Ind.) (1968) 3, S. 43–47.

Bartoszkiewicz, T.: Mechanische Rohstoffspeisung der Putzerei. Przegl. włókienn. (Textil-Rdsch.) **22** (1968) 7, S. 369–372.

Brach, J., Locht, M., Monfort, F.: Einfluß des Sover-Verfahrens auf die nachfolgenden Behandlungen der Wolle, 1. Teil: Einfluß des Waschverfahrens auf das Verhalten beim Kämmen und auf die wichtigsten Eigenschaften der Kammzüge. Ann. sci. textiles belges (1968) 3, S. 7–19.
Robinet, M., Bielen, R.: Einfluß des Sover-Verfahrens auf die nachfolgenden Behandlungen der Wolle. 2. Teil: Vergleichsuntersuchung der chemischen und färberischen Eigenschaften von Wollen, die nach dem Sover- und Leviathan-Verfahren gewaschen wurden. Ann. sci. textiles belges (1968) 3, S. 20–36.
Karpov, L. I.: Verringerung der Klemmlinienabstände im Zweizonenstreckwerk der Strecke. Tekstil. Prom., Moskva (Textil-Ind.) **28** (1968) 9, S. 18–20.
Automatisierung in der Vorbereitung von Fasermischungen. Melliand Textilber. **49** (1968) 10, S. 1144–1146.
Tereškin, N. F.: Über die Messung der Massekonzentration des Faserstoffs in Druckluftsystemen. Tekstil. Prom., Moskva (Textil-Ind.) **28** (1968) 10, S. 63–66.

Spinnerei

Karasev, G. I.: Vergleichende Analyse des Prozesses der Faserstoffbehandlung in den Einzelteilen von Verreißern verschiedener Konstruktionen. Izv. vysšich uč. Zav. Technol. tekstil. Prom. (Hochschulnachr. Technol. Textil-Ind.) (1968) 4, S. 63–69.
Ural'skaja, S. L., Angarov, E. I., Anbinder, S. U.: Faserstofftrennung im Strom. Tekstil. Prom., Moskva (Textil-Ind.) **28** (1968) 10, S. 21–22.
Albrecht, W.: Was ist bei der Verarbeitung von Polyesterfasern zu berücksichtigen? Melliand Textilber. **49** (1968) 11, S. 1249–1256.
Efremov, E. D.: Über die Gleichgewichtsbedingungen für eine Fadenwindung im Aufwindepunkt. Izv. vysšich uč. Zav. Technol. tekstil. Prom. (Hochschulnachr. Technol. Textil-Ind.) (1968) 3, S. 74–79.
Aleksandrov, S. A., Klenov, V. B., Kurilko, V. N.: Über die Form des Ballons im Vakuum. Izv. vysšich uč. Zav. Technol. tekstil. Prom. (Hochschulnachr. Technol. Textilind.) (1968) 3, S. 53–54.

Erzeugnisse der Spinnerei und Zwirnerei

Vladimirov, B. M., Nagaeva, L. L.: Über die Eigenschaften von nach dem druckluftmechanischen Verfahren hergestellten Garn. Tekstil. Prom., Moskva (Textil-Ind.) **28** (1968) 10, S. 61–63.
Die Fa. Conso Products schließt ihre vertikale Integration ab. Textile World **118** (1968) 9, S. 50–54.
Wegener, W., Schubert, G.: Beeinflussung der Fadeneigenschaften durch die Wicklungsart der Streckcops. Melliand Textilber. **49** (1968) 10, S. 1135 bis 1143.
Poljakova, D. A.: Zum Problem der strukturellen Ungleichmäßigkeit und Gruppenbildung der Fasern im Garn. Izv. vysšich uč. Zav. Technol. tekstil. Prom. (Hochschulnachr. Technol. Textil-Ind.) (1968) 3, S. 36 bis 42.
Karčagin, S. P.: Bewegungsgleichungen eines zug-, biege- und torsionselastischen Fadens. Izv. vysšich uč. Zav. Technol. tekstil. Prom. (Hochschulnachr. Technol. Textil-Ind.) (1968) 3, S. 147–151.
Daimler, B. H.: Stahl-Cord im Reifen. Kautschuk, Gummi, Kunststoffe **21** (1968) 10, S. 569–573.
Rowe, P. M.: Wie die Zwirnereien mit einer textilen Umwälzung fertig wurden. Hosiery Trade J. **75** (1968) 897, S. 137–139.

Texturfäden

Kaplan, V. I.: Einige Probleme beim Texturieren von Seiden nach dem Falschdrahtverfahren. Tekstil. Prom., Moskva (Textil-Ind.) **28** (1968) 9, S. 68–71.
Texturierte Garne — technologische und wirtschaftliche Aspekte. Melliand Textilber. **49** (1968) 11, S. 1299–1300.

Sonstige Fäden

Smith, P. A.: Besprechung der modernen Garnproduktion auf der Konferenz in Stresa. Textile Month (1968) 7, S. 73, 74, 77.

IV. Flächengebilde-Herstellungstechnologien

Tschechoslowakische Textilmaschinen in Krefeld — Vorführung an der Ingenieuerschule in Krefeld — Z. ges. Textilind. **70** (1968) 11, S. 843 bis 845.
Hager, Ch.: Bedingungen für die Verarbeitung von Maschenwaren für Oberbekleidung. Bekleid. u. Maschenware **7** (1968) 5, S. 195–197.
Schmidt, K.: Die Raumtextilien-Industrie der DDR vor großen Aufgaben. Dt. Textiltechnik **18** (1968) 11, S. 674–675.
Klosgens, H.: Einige Betrachtungen über das Spulen in Beziehung zum Spinnen und Weben. Ind. textile, Paris (1968) 970, S. 473–475.

Materialvorbereitung

Zubov, M. A.: Zum Problem der Abnahme der absoluten Winkelgeschwindigkeit des Ballons beim Umspulen von Garn auf Spulmaschinen. Izv. vysšich uč. Zav. Technol. tekstil. Prom. (Hochschulnachr. Technol. Textil-Ind.) (1968) 4, S. 102–107.
Klösges, H.: Einige Gedanken zur Spulerei im Zusammenhang mit Spinnerei und Weberei. Textil-Praxis **23** (1968) 10, S. 649–650.
Arnold, W. C.: Die gegenwärtigen Systeme der Kettenherstellung und Kettenvorlage am Bandwebstuhl. Textile Inst. Ind. **6** (1968) 9, S. 235 bis 240.
Griese, H., Hobe, S.: Untersuchungen zur Verbesserung des Fadenlaufes beim Zetteln und Schären von Leinengarnen. I. Melliand Textilber. **49** (1968) 10, S. 1151–1156.

Weberei

Ein französisches System für das elektronische Lesen. Ind. textile, Paris (1968) 971, S. 571.
Nathan, C. N.: Hat der Musterer einen Platz in der Textilindustrie? Textile Inst. Ind. **6** (1968) 9, S. 245–247.
Pilisi, J.: Das elektronische Lesen von Jacquardmustern. Ind. textile, Paris (1968) 971, S. 567–570.

Weberei-Technologie

Pelzl, R., Hille, H.: Untersuchungen zum kontinuierlichen Webverfahren. Dt. Textiltechnik **18** (1968) 11, S. 698–704.
Bykadorov, R. V.: Untersuchungen der Schußfadenspannung auf der Webmaschine. Tekstil. Prom., Moskva (Textil-Ind.) **28** (1968) 9, S. 27–28.
Gamper, W.: Die Verarbeitung von endlosen Chemiefasern auf Saurer-Webmaschinen Typ 100 W. Chemiefasern **18** (1968) 10, S. 763–768.
Buss, E.: Chemische Textilien auf modernen Webmaschinen. Ind. textile Paris (1968) 970, S. 477–483.

Erzeugnisse der Weberei

Birjukova, A. P.: Ein Weg zu hoher Gewebequalität. Tekstil. Prom., Moskva (Textil-Ind.) **28** (1968) 9, S. 11–13.
Synthetische Faserstoffe: Du Pont ist auf dem Gewebemarkt vertreten. Chem. engng. News **46** (1968) 40, S. 20.
Stempell, K., Haueis, G.: Die Verwendung synthetischer Faserstoffe in der Teppichproduktion. Dt. Textiltechnik **18** (1968) 11, S. 682–686.

Sonstige Technologien

Stüber, W.: Erprobung von Gattermittelschiebern für Schiffchenstickmaschinen. Dt. Textiltechnik **18** (1968) 11, S. 712–715.
Bühring, L.: Theoretische und meßtechnische Untersuchungen der Fadenbremseinrichtung an Großstickmaschinen. Dt. Textiltechnik **18** (1968) 11, S. 708–712.

Wirkerei und Strickerei. Konfektionstechnik. Sonstige Technologien

Neue Maschenware entlastet Gewebe bei der Fa. Scotland Mills. Textile World **118** (1968) 9, S. 55–59.

Wirkerei- und Strickerei-Technologie

Pilisi, J.: Die durch Verkreuzung von Kette und Schuß mit frontalem Eintrag hergestellten Stoffe. Ind. textile, Paris (1968) 970, S. 495–496.

Erzeugnisse der Wirkerei und Strickerei

Künzel, H.: Entwicklung eines Spitzenmusters vom künstlerischen Entwurf bis zur technischen Realisierung auf Spitzenraschelmaschinen. Dt. Textiltechnik **18** (1968) 11, S. 704–708.
Pahlen, A.: Strickkräuseln von „Antron"-Nylon. Melliand Textilber. **49** (1968) 10, S. 1177–1179.
Vogel, H.-J.: Die Herstellung textiler Bodenbeläge auf Wirkmaschinen. Dt. Textiltechnik **18** (1968) 11, S. 687–689.

Konfektionstechnik

Nestler, R., Streit, K., Barthel, W.: Möglichkeiten zur Vergrößerung der Fadenlauflängen bei Unterfadenspulen in Doppelsteppstich-Nähmaschinen mit den üblichen Spulvorrichtungen. Bekleid. u. Maschenware **7** (1968) 5, S. 203–205.
Paproth, S.: Die Mechanisierungsmittel an der Stanzmaschine. Bekleid. u. Maschenware **7** (1968) 5, S. 198–200.

Faserverbundstoffe. Vliesstoffe

Hirt, R.: Vliesstoffe. BASF, Ludwigshafen **18** (1968) S. 77–83.
Ploss, E.: Das Vlies, seine Bedeutung in Geschichte und Legende. BASF, Ludwigshafen **18** (1968) S. 74–76.
Die Vliesstoffe. Bekleid. u. Wäsche **20** (1968) 21, S. 1506, 1508, 1510.
Hirt, R.: Vliesstoffe. BASF, Ludwigshafen **18** (1968) Sept., S. 77–83.
Opderbeck, F., Graff, P.: Über die Herstellung nicht-gewebter Faserflächenprodukte. Papier **22** (1968) 10A, S. 679–686.
Vernadelte Wirrvliese aus Faserabfällen in 4,7 m Breite. Spinner, Weber, Textilveredlung **86** (1968) 11, S. 1018–1019.
Sevost'janov, A. G., El'kina, T. N.: Untersuchung der Gewichtsungleichmäßigkeit von Nähvliesstoffen. Izv. vysšich uč. Zav. Technol. legkoj Prom. (Hochschulnachr. Technol. Leichtind.) (1968) 4, S. 28–32.

V. Textilveredlung

Brazauskas, V. V., Paškevičjus, V. V., Jazbutis, T. V., Marcinkonene, E. I.: Färben und Veredeln von Triacetatfasergeweben. Tekstil. Prom., Moskva (Textil-Ind.) **18** (1968) 9, S. 48–51.
Mansfield, J. L.: Analytische Messungen für die Computer-Kontrolle von textilen Färbe- und Ausrüstungsvorgängen. Amer. Dyestuff Rep. **57** (1968) 11, S. 47–49.
Dorset, B. C. M.: Neue verbesserte Methoden des Färbens und Ausrüstens. Textile Manuf. **94** (1968) 1125, S. 378–383.
Mari, R.: Was sollte der Chemischreiniger über den Orientteppich wissen? Reiniger Rev./Chem. Reinigung/Färberei **11** (1968) 10, S. 363–366, 368.

Farbstoffe. Textilhilfsmittel

Farben für Textilien. Von 8000 im Jahr entwickelten Farbstoffen kommen 40 auf den Markt. VDI-Nachr. (1968) **41**, S. 29.
Kljuev, V. N., Dogadkina, L. A. (Schreibw. i. Orig.: *Kljujev, V. N.*): Saure Azofarbstoffe aus der Gruppe der Diphenylalkane. Fibre e Colori, Milano **18** (1968) 9, S. 350–351.
Hoogerheide, J. C.: Die Entwicklung von Enzymen zur Verwendung in Waschmitteln. Fette, Seifen, Anstrichmittel/Ernährungsind. **70** (1968) 10, S. 743–748.

Bleicherei. Sonstige Vorbehandlungsarbeiten der Textilveredlung

Vollatomatisierung in der Bleicherei der Kendall Company. Amer. Dyestuff Rep. **57** (1968) 10, S. 53.
Schürings, W.: Bleichen und optisches Aufhellen von Wolle und Wollmischungen. Textilveredlung, Weinfelden/Schweiz **3** (1968) 10, S. 542 bis 551.

Färberei

von der Eltz, H.-U.: 10 Jahre Erfahrungen mit Remazol-Farbstoffen in der Färberei. Z. ges. Textilind. **70**/(1968) 11, S. 824–830.
Freytag, R., Blouquin, J., Diemunsch, J.: Der Einfluß von Temperaturänderungen während der Thermofixierung auf die Färbegeschwindigkeit von Polyesterfaserstoffen. Bull. Inst. Textile France **22** (1968) 137, S. 585–593.
Casty, R.: Das Färben der Wolle unterhalb Kochtemperatur. Textilveredlung, Weinfelden/Schweiz **3** (1968) 10, S. 521–527.
Müller, R.: Das Färben von Synthesefaserstoffen. II. Polyacrylnitrilfaserstoffe. Textilreinigung **15** (1968) 12, S. 378–380.
Schlipp, L.: Neue Sprühdüsen-Apparatur in der Spinnerei für Flocken und Garne. Chemiefasern **18** (1968) 11, S. 880–881.
Kričovskij, G. E., Mevšovič, I. M.: Verwendung von Verfahren der gleichgewichtslosen Thermodynamik zur Beschreibung der Kinetik der Färbeprozesse aus Mehrkomponenten-Mischung. Izv. vysšich uč. Zav. Technol. tekstil. Prom. (Hochschulnachr. Technol. Textil-Ind.) (1968) 4, S. 115–119.

Tiefenbacher, H.: Über Mischsortimente zum Färben von Polyester/Wolle-Mischungen. Textilveredlung, Weinfelden/Schweiz **3** (1968) 10, S. 538 bis 542.
Androsov, V. F., Bondarenko, V. S., Tugaj, I. D.: Farbstoffadsorption und Oberflächenladungsdichte der elektrischen Doppelschicht bei Vinol-Fasern in einer Lösung von Direktfarbstoffen. Izv. vysšich uč. Zav. Technol. tekstil. Prom. (Hochschulnachr. Technol. Textil-Ind.) (1968) 3, S. 85–89.
Senner, P.: Die Behandlung von Garn – Wickelkörpern. Teil I. Textil-Praxis **23** (1968) 10, S. 683–688.
McNeirney, F.: Sonderbericht: Farbstoffe und Färben. Amer. Dyestuff Rep. **57** (1968) 9, S. 39, 45, 76.
Copeland, A. F.: Ein neues faserreaktives Farbstoffsystem. Amer. Dyestuff Rep. **57** (1968) 9, S. 105–107.
Farley, A. G.: Farbtonabstimmung in Minuten. Textile Ind. **132** (1968) 7, S. 97, 99, 103, 132.

Druckerei

Möckel, G., Mothes, E., Vieweg, Ch.: PVC-Fördergurt als Drucktuch auf Rouleaux-Druckmaschinen. Dt. Textiltechnik **18** (1968) 11, S. 676–677.
Leisinger, K.: Die Farbküche in der Textildruckerei, Organisation und Aufbau. Melliand Textilber. **49** (1968) 11, S. 1322–1325.
Gutjahr, H., Dahm, H.: Bedrucken von Dralon unter besonderer Berücksichtigung von Maschenware. Melliand Textilber. **49** (1968) 10, S. 1207 bis 1210.
Krentz, V.: Das „Tüpfelchen auf dem i" bei modernen Stoffdruckausrüstungen. Ind. textile, Paris (1968) 970, S. 499–504.
Hueckel, M. O.: Neue Arten des Bedruckens von Cellulose- und Cellulose/Polyesterstoffen durch Anwendung von Vinylsulfon-Reaktivfarbstoffen. Amer. Dyestuff. Rep. **57** (1968) 13, S. 56–58.
Reincke, K.: Kontinuierliche Vorbehandlung von Wollgewebe für den Druck. Textilveredlung, Weinfelden/Schweiz **3** (1968) 10, S. 561–563.
Automatischer Filmdruck auf Maschenware. Hosiery Trade J. **75** (1968) 897, S. 129–130.

Ausrüstung. Trocknung

Barella, A.: Einfluß der Benetzung von Wollgarnen auf deren Drehung. Bull. Inst. Textile France **22** (1968) 137, S. 609–620.
Kusch, P.: Über die Herstellung maschinenwaschbarer Wolle. Textilveredlung, Weinfelden/Schweiz **3** (1968) 10, S. 552–554.
Neuentwicklung einer Soil-Release-Ausrüstung. Z. ges. Textilind. **70** (1968) 11, S. 848–849.
Medico, A.: Wasserabweisende und verrottunghemmende Ausrüstung von Zeltstoffen aus nativer Cellulose. Ciba-Rdsch., Basel (1968) 3, S. 42–43.
Zatloukal, M.: Eigenschaften der Kleider mit der Ausrüstung Viskolana im Vergleich mit anderen Varianten. Textil, Praha **23** (1968) 9/10. S. 358.
Rogovin, Z. A.: Die chemische Modifizierung von Chemiefasern und diesbezügliche Untersuchungsergebnisse. Chemiefasern **18** (1968) 10, S. 738 bis 746.
Aenishänslin, R.: Probleme der flammhemmenden Ausrüstung von Faserstoffen. Melliand Textilber. **49** (1968) 10, S. 1210–1212.
Riedel, D.: Die Pflege der Mitläufer beim Kessel-Dekatieren. Textil-Praxis **23** (1968) 10, S. 694–696.
Sichov, V. N.: Zum Problem der Ausnutzung der statischen Elektrizität bei Schermaschinen. Izv. vysšich uč. Zav. Technol. tekstil. Prom. (Hochschulnachr. Technol. Textil-Ind.) (1968) 3, S. 114–118.
Neimo, L., Sihtola, H., Sorsa, E.: Pfropfen von Vinylmonomeren auf textile Cellulosefaserstoffe. Paperi ja Puu, Helsinki (Papier u. Holz) **50** (1968) 10, S. 565–568, 569–570, 571–573 (schwed.).
Weinmann, K.: Moderne Lack- und Kunststoffbeschichtungen. Fette, Seifen, Anstrichmittel/Ernährungsind. **70** (1968) 10, S. 781–789.

Wäscherei. Chemische Reinigung

Siemak, B.: Das Problem der Textilabnutzung unter dem Einfluß vielfacher Waschprozesse. Przegl. włókienn. (Textil-Rdsch.) **22** (1968) 7, S. 391–393.
Johnson, A. E.: Sind die häufigsten Verbraucherbeschwerden anhand der verfügbaren Prüfmethoden voraussagbar? Amer. Dyestuff Rep. **57** (1968) 13, S. 69–71.
Eilers, I.: Programmierte Produktion im kontinuierlichen Ablauf. Wäschereitechn. u. -chemie **21** (1968) 11, S. 540–544.
Venus, E.: Erweiterung der Mietwäscheversorgung auf Berufsbekleidung. Textilreinigung **38** (1968) 12, S. 359–363.
Hasenclever, K. D.: Die wasserabweisende Ausrüstung in der Chemischreinigung. Chemischreiniger u. Färber/Färber-Ztg. **21** (1968) 11, S. 564 bis 568.

VI. Werkstoffprüfung. Meß- und Prüftechnik. Standardisierung

Rechenstab zur Flächenschrumpf-Berechnung. Wirk.- u. Strick.-Technik **18** (1968) 11, S. 588–589.

Eigenschaften und Fehler der Textilmaterialien u. a.

Seves, A.: Eine Schnellmethode zur Bewertung des Verhaltens wäßriger Suspensionen von Acrylfasern bei verschiedenen Temperaturen. Ricerca Doc. tessile, Milano (Textilforsch. u. -dok.) **5** (1968) 1, S. 17–21.
Chiarotto, N.: Erforschungen und Identifizierung von Textilfasern-Verwendung der Polaroid-Apparatur mit unmittelbarem Druck der Photographie in Schwarz-Weiß und in Farbe. Fibre e Colori, Milano **18** (1968) 1, S. 4–14.
Fransen, T., Verschraege, L.: Untersuchung der Umkehrerscheinung in der Fibrillenstruktur der Baumwollfaser. Teil 4. Beziehung zwischen Anzahl der Umkehrpunkte und erzwungenen äußeren Faktoren während des Wachstums von Baumwollkapseln. Ann. sci. textiles belges (1968) 3, S. 48–68. (engl.).
Albrecht, W.: Über die Eigenschaften der Diolen-Hochschrumpffasern. Chemiefasern 18 (1968) 10, S. 746–751.
Weidner, H.-P.: Schrumpf und Schrumpfkraft von synthetischen Fäden. Chemiefasern **18** (1968) 10, S. 751–754.
Fischer, H., Hellwege, K.-H., Langbein, W.: Die Änderung der Reißfestigkeit und Reißdehnung einiger Kunststoffe unter dem Einfluß energiereicher Strahlung. Kunststoffe **58** (1968) 9, S. 625–632.

Klyčeva, M. Ch., Ter-Ovakimjan, I. A.: Untersuchungen des Einzyklen-Zusammendrückens von Faser-Wärmeeinlagen. Izv. vysšich uč. Zav. Technol. legkoj Prom. (Hochschulnachr. Technol. Leichtind.) (1968) 4, S. 38–41.
Hendrix, H.: Die thermische Beständigkeit verschiedener Synthesefasern und deren Modifikation zur Verwendung in Filz-Siebgeweben für die Papierfabrikation. Papier **22** (1968) 10A, S. 693–701.

Meß- und Prüftechnik

Jurgis, G.: Zuverlässigkeit – Problem Nr. 1. Teil I bis III. Presse der SU, Ausg. A, Berlin (1968) 118, Beilage S. 1–16; 124, Beilage, S. 1–16; 133, Beilage S. 1–16.
Clark, S. K., Dodge, R. N.: Ein Vergleich der Netz- und Kontinuumtheorie, angewendet auf mit Cord verstärkte Laminate. Textile Res. J. **38** (1968) 9, S. 931–942.
Elektronische Vorrichtung zur automatischen Längenmessung des von Rund- und Flachwirkmaschinen aufgenommenen Fadens. Bull. Inst. Textile France **22** (1968) 137, S. 623–629.
Kowalski, E.: Anwendung der Isotopen-Meßtechnik in der kunststoffverarbeitenden Industrie. Kunststoffe **58** (1968) 10, S. 687–689.
Antonenko, V. M., Gogoci, G. A., Lankin, Ju. N.: Gerät für Programmprüfungen von spröden Materialien auf thermische Beständigkeit. Zavodsk. Labor., Moskva (Betriebslabor) **34** (1968) 9, S. 1123–1124.
Sostak, D., Zschaeck, H.: Über ein statisches Verfahren zur Dickenmessung an optischen Fasern. Mber. dt. Akad. Wiss. Berlin **10** (1968) 8, S. 604 bis 612.
Sommer, G., Hochens, P. R., Howat, D. D.: Ein Schaltkreis für einen Mikrodifferential-Thermoanalyser, der (die Heizperioden) konstant hält. J. sci. Instruments (J. Physics E) **1** (1968) 11, S. 116–118.
Viertel, L., Ruiz, R., Sánchez, R., Barella, A.: Vergleichende Untersuchung der mittels des „Digital Fibrograph und Kammgeräten bestimmten Längenparameter von Baumwolle. Invest. Inform. textil, Barcelona **11** (1968) 2, S. 233–252.
Müller, O.: Probleme der Nissenzählung im Baumwollkardenvlies. Teil II. Melliand Textilber. **49** (1968) 10, S. 1131–1134.
Barella, A.: Über die statistische Deutung der Scheuerprüfung von Wollgeweben. Invest. Inform. textil, Barcelona **11** (1968) 2, S. 171–201.
Kobljakov, A. I., Kukin, G. N.: Über Verfahren zur Bestimmung der Bestandteile der Dehnungsdeformierung von Geweben, Mitt. 3. Bestimmung der Bestandteile der Deformierung bei kurzdauerndem und verhaltenem Prüfverfahren. Izv. vysšich uč. Zav. Technol. legkoj Prom. (Hochschulnachr. Technol. Leichtind.) (1968) 4, S. 22–27.
Gibert, J. M., Barella, A.: Vergleich von drei Verfahren zur Bestimmung der Wirksamkeit von Baumwollgarnen. Invest. Inform. textil, Barcelona **11** (1968) 2, S. 203–211.
Oesterle, G.: Stand der Tendenzen der Analysenmeßtechnik. Chem. Ind. Düsseldorf **20** (1968) 10, S. 706–709.
Kockott, D., Klippert, H. U.: Xenotest 450 – ein Gerät für Schnellbelichtungen und Schnellbewitterungen. Melliand Textilber. **49** (1968) 10, S. 1219–1222.

Standardisierung. Terminologie

Morton, T. H.: Nomenklatur faserbildender Polyamide. Textile Inst. Ind. **6** (1968) 10, S. 283.
Schercht: Bestlösungen in Standards. Wirtschaft, Ausg. A. **23** (1968) 43, S. 4.

VII. Betriebstechnik. Ökonomie. Tagungsberichte u. dgl.. Sonderfragen

Betriebstechnik

Computer bedeutet Kontrolle – und Gewinn. Textile World **118** (1968) 9, S. 60–61.
Krochmann, E.: Steuerungs- und Regelungstechnik. Teil II. Gerätetechnik und Anwendungen. VDI-Z. **110** (1968) 19, S. 797–811.
Văleanu, T.: Maßnahmen zur Rationalisierung des Verbrauches der Elektroenergie. Ind. textila, București **19** (1968) 9, S. 547–548.
Günther, M.: Wirtschaftliche Beleuchtung in Büro- und Fertigungsbetrieben. VDI-Z. **110** (1968) 19, S. 785–792.
Oehler, M.: Zur rechtlichen Verantwortlichkeit der Werktätigen ohne Leitungsfunktion im Arbeitsschutz. Arbeit u. Arbeitsrecht **23** (1968) 20, S. 586–588.

Ökonomie

Hanspach, H., Waldenburger, M.: Arbeitsnormung – Arbeitsgestaltung – Arbeitsstudium. Teil I und II. Techn. Gemeinsch. **16** (1968) 9, S. 34–41; 10, S. 28–36.
Modell der Arbeitsschritte zur Ermittlung der ökonomischen Planinformationen für die Industriepreisplanung im Perspektivzeitraum 1971 bis 1975 durch die volkseigenen Industriebetriebe. Wirtschaft, Ausg. A **23** (1968) 47, Beilage S. 1–8.
Trepczyński, A.: Qualifikation der Bedienung und der Maschinenleistung, wie auch die Erfüllung der Arbeitsnormen. Przegl. włókienn. (Textil-Rdsch.) **22** (1968) 7, S. 376–380.
Allen, G. D.: Synthetische Faserstoffe: Wie sich der internationale Handel der EWG entwickelt hat. Textile Month (1968) 7, S. 92–95.
Züllich, H.: Dauer der Arbeitsverrichtung und intra- und interindividuelle Leistungsstreuung. Arbeitsökonomik **11** (1968) 7, S. 618–627.
Der Äthylenbedarf wird allgemein ansteigen. Chem. engng. News **46** (1968) 44, S. 34.
Hyde, S. J.: Die Folgerungen für die Baumwollindustrie aus der Vereinigung mit dem Gemeinsamen Markt. Textile Inst. Ind. **6** (1968) 9, S. 242 bis 244.
Die Kautschuk- und Kunststoff-Industrie in Mitteldeutschland im Jahre 1966. Kautschuk, Gummi, Kunststoffe **21** (1968) 10, S. 593, 596.
Ginzel, W., Bülow, H.: Die territoriale Koordinierung der Planangebote – eine Aufgabe sozialistischer Gemeinschaftsarbeit. Wirtschaft, Ausg. A **23** (1968) 48, S. 4–5.

Sonderfragen

Die systematische Berufsausbildung in der Textilindustrie. Spinner, Weber, Textilveredlung **86** (1968) 11, S. 993, 997.
Anders, H.: Technische Informationsspeicher. GIT. Fachz. Laboratorium **12** (1968) 10, S. 1047–1048.
Wright, P.: Lesen, um zu lernen. Chem. in Britain **4** (1968) 10, S. 445–450.